前言

在學習網頁前端開發時，一般會學習 HTML、CSS、Javascript、JQuery(非必須但經常使用)，接下來才會進入前端框架。**請注意本書是著重介紹 React.js 語法和前端框架專案架構的設計，不會介紹上述基本知識，也不會提及任何製作美觀、新潮網頁的設計思維。但在閱讀完本書後，讀者必能回答業界面試 Junior 前端工程師大部份的 React 相關問題。**

近年，Javascript 前端框架已經是前端求職的必備技能。前三大熱門的框架分別為：

- Facebook 推出的 React
- 獨立開發者 - 尤雨溪推出的 Vue
- Google 推出的 Angular

而根據 State of JS 在 2020 年的統計，React.js 是目前三大框架中使用度和滿意度最高的。然而，React 一般也被認為是三大框架中學習難度最高的。

我個人認為，**React 是一個上下限都很大的框架，如果能善用 React 提供的 API，專案架構會很明確，資料邏輯和 UI** 元件更能以易理解的方式重複利用。但是如果在開發 React 的過程中沒有做好程式碼的分工、架構設計，開發出來的專案會很難維護、閱讀起來很痛苦。

因此，本書的目標除了讓初次接觸前端框架的讀者能夠更容易理解 React，也介紹了在以 React 開發專案時，應該具備哪些基礎的「軟體設計」思維。第 2~ 第 7 章節是講解 React API 使用方式，第 7 章後的範例會帶領讀者從 0 打造 React 專案，第 8 章、第 9 章是講述較進階的 React 知識。讀者可以根據自己的需求查閱對應的章節。

希望讀者在開始以 React 進行專案開發後，能夠問自己一個問題：

「我是在做『程式撰寫』，還是『程式設計』呢？」

最後，這本書是基於 2019 – 2020 年間，我在 IT 邦幫忙鐵人賽的系列文章，經過整理、補充、修訂後的集合。本書大部份的程式碼都可以在這兩個系列文章中取得 (若有出入則以本書為主)，如果在閱讀的過程中遇到不易理解的地方、或是注意到有任何的錯誤，都歡迎到 IT 邦幫忙的原系列文留言，或是直接在 IT 邦幫忙私訊我本人。

系列文章 : https://ithelp.ithome.com.tw/users/20116826/ironman/3586

系列文章 : https://ithelp.ithome.com.tw/users/20116826/ironman/2278

連絡我 : https://ithelp.ithome.com.tw/users/20116826

目錄

0 先備知識 – 使用 React 需要知道的 Javascript

1 什麼是「前端框架」？

2 認識 React 和環境建置

Ch 2-1. React 從 class 到 function 的歷史 2-2
Ch 2-2. 環境設定 2-4
Ch 2-3. 建立專案與開發流程 2-9

3 Hello, React !

Ch 3-1. 第一個 React 程式 - Hello world 3-2
Ch 3-2. 解析程式之前 - 談談 React Virtual DOM 3-2
Ch 3-3. 解析程式 3-3
Ch 3-4. JSX 3-4
Ch 3-5. React 17 之後 3-13

4 基礎 Function Component

Ch 4-1. 元件化的程式 4-2
Ch 4-2. props - 以外部參數控制元件 4-5
Ch 4-3. 用 useState 創造在內部控制元件的 state 變數 4-10
Ch 4-4. 生命週期與 useEffect 4-16
Ch 4-5. React 的輸入元素事件 4-25
Ch 4-6. 非控制組件與 useRef / forwardRef 4-35

Ch 4-7. Custom hook 4-43
Ch 4-8. React 程式的分頁：react -router-dom 4-48
Ch 4-9. useContext - 多層 component 間的 state 管理與傳遞 4-57
Ch 4-10. Styled-Components： React 的 CSS 解決方案 4-62

5 React-Developer-Tools

6 Flux 結構 與 React 的狀態管理方案

Ch 6-1. 簡介 Flux 結構與 useReducer 6-2
Ch 6-2. 以 useContext 進行狀態管理，淺談 Context 效能問題 6-9
Ch 6-3. Redux, useDispatch 與 useSelector 6-13

7 前端專案的架構設計

Ch 7-1. 元件的劃分 – 以 Atomic design 為例 7-2
Ch 7-2. 淺談 React.js 專案結構 – 以 React-starter 為例 7-4

範例 1 以 Context 實現 To Do List

範例 2 以 Redux 實現 To Do List

8 React 進階 - 效能處理

Ch 8-1. 以 useMemo 避免不必要的運算 8-2
Ch 8-2. 以 React.memo 避免不必要的渲染 8-6
Ch 8-3. 以 useCallback 避免函式不必要的重新定義 8-11
Ch 8-4. 以 key 避免陣列元件的重複渲染 8-15
Ch 8-5. 用 lazy 和 Suspense 實現動態載入元件 8-20

9 React 進階 – 其他的 React

Ch 9-1. useEffect v.s useLayoutEffect 9-2

Ch 9-2. 封裝 forwardRef 的 useImperativeHandle 9-6

Ch 9-3. Custom hook 與 useDebugValue 9-9

Ch 9-4. React 中的傳送門 - createPortal 9-13

Ch 9-5. 總結 9-16

A React class component

Appendix-1. 簡介 ES6 class A-2

Appendix-2. 基礎 React class component 與 props A-4

Appendix-3. React class component 中的 state 和 setState A-9

Appendix-4. React 生命週期函數 A-15

CHAPTER 0

先備知識 – 使用 React 需要知道的 Javascript

在學習 React 以前，有些觀念和 Javascript 的新語法會需要先認識。本篇將會粗略介紹相關的知識以便讀者理解後續的教學。

DOM（Document Object Model）

如果要你說明「網頁」是什麼，你會怎麼描述呢？一般人對於網頁的認知，通常是眼睛看的到的「UI」。然而對接觸過前端技術的人，可能會認為網頁是一個包含：

- 元素：如： button、div
- 事件：如： 點擊、輸入

  等族繁不及備載。總結來說，就像是一個「提供很多可以操作的介面的程式」。

事實上，這支程式的架構就像是一棵樹、一份整理完善的文件，支幹底下有分支 (例如： 元素類別中有按鍵)、分支上有多個樹葉 (例如： 按鍵有提供點擊功能)⋯⋯。這樣的結構，在程式語言中又稱為是「物件導向 (Object-orient，簡稱 OO)」結構。詳情請見 MDN。

因此，我們把這個 HTML、XML 和 SVG 文件的程式介面，稱為文件物件模型（Document Object Model, DOM）。

這些常用的語法就是在操作 DOM：

- document.getElementById 就是用 id 在向 DOM 取得元素。
- document.getElementById().scrollTop=⋯⋯，就是在修改元素在 DOM 的 scrollTop。

ES6 - 新的宣告方法

過去我們宣告變數 / 函式時，是透過 var 關鍵字宣告。但是這種宣告方式產生了兩個問題：

1. var 是全域 (global) 的，也就是即使在其他 scope 也會存在。
2. 沒有辦法保護 var，也就是「不能強制不能被改變」。

為了解決這兩個問題，新關鍵字 let 和 const 就出現了。前者是會在宣告的 scope 獨立存在的變數，後者是只會在宣告的 scope 存在且不能被改變值的變數。和 var 的使用方法幾乎一樣，let 和 const 的使用方法是：

```
let 變數名稱;
let 變數名稱 = 初始化值;
const 變數名稱 = 初始化值;
```

注意因為 const 變數宣告後不能被修改值，所以一開始就要給予初始值。

ES6 - 解構賦值

過去如果我們要把一個 array 或物件的多個值一一指定給其他變數，必須寫迴圈或是用多個表示式個別處理。在 ES6 中，提供了一種可以一次處理完這件事的方法 - 解構賦值。例如，在下面的範例中，我們先產生一個陣列後，再一次宣告兩個變數 a 和 b，並同時把 a 被指定為 apple，b 被指定為 banana。

```
const arr = ['apple', 'banana'];
const [a, b] = arr;

console.log('a is ' + a); // a is apple
console.log('b is ' + b); // b is banana
```

在下面的範例中，我們先產生一個物件，再一次宣告兩個變數 a 和 b，並同時把 a 被指定為物件的 fruitOne，b 被指定為物件的 fruitTwo。

```
const obj = { fruitOne: 'apple', fruitTwo: 'banana' };
const { fruitOne: a, fruitTwo: b } = obj;

console.log('a is ' + a); // a is apple
console.log('b is ' + b); // b is banana
```

ES6 - 使用 module 分檔 (import & export)

ES6 中，我們可以把 js 函式、變數、物件打包成模組，然後在其他 js 檔引入使用。方法是：

1. 透過 export 在被模組化的檔案中設定要讓別人使用的資料
2. 在要使用的地方 import 對應的資料。被輸出的檔案會變成一個物件，屬性名稱是在 export 時使用的變數名稱，以物件方式存取就能使用

例如，現在有個 hello.js：

```
// hello.js
export const helloWorld = () => {
    console.log('hello world');
};
```

對於以 import 引入 hello.js 的程式，會接收到這樣的一個物件：

```
{
    helloWorld: () => {
```

```
        console.log('hello world');
    },
    msg: 'string in hello.js',
};
```

因此，我們就能以剛剛介紹的「解構賦值」的方式，在輸入檔中以該函式、變數、物件的原名稱引入，直接去取出要的東西。

```
/* 語法為 import + { 名稱A, 名稱B, (...類推) } + from + 檔案路徑 */
/* 這種引入方式也是一種解構賦值 */

import { helloWorld, msg } from './hello.js';

helloWorld();
console.log(msg);
```

另外如果加上了 default 關鍵字，在 import 時就不需要再以解構賦值方式引入。

```
// hello.js
export const helloWorld = () => {
    console.log('hello world');
};

// 改以default輸出helloWorld
export default helloWorld;

export const msg = 'string in hello.js';
```

```
// 不再需要以解構賦值引入helloWorld，只要 import 名稱 from 檔案路徑即可
// 以下這幾種寫法都是合法的

// 只引入export default的資料
import helloWorld from './hello.js';

// 除了引入export dault的資料，也以解構賦值去引入其他有被export的資料
import helloWorld, { msg } from './hello.js';
```

ES6 – 字串模板

過去，當我們需要以變數組合出字串時，會使用加法運算子。然而這樣的問題是當變數數量多、或是變數和字串夾雜時，大量的運算符號不僅不易於閱讀，也容易造成開發上的錯誤。

例如，下方的 msg 字串雖然只有一句話，卻夾雜了兩個純字串和兩個變數：

```
const name = '小明';
const food = '壽司';

const msg = '名字是: ' + name + ', 喜歡吃' + food;

console.log(msg); // 執行結果: 名字是小明, 喜歡吃壽司
```

為了解決這個問題，ES6 提供了字串模板語法。我們只要使用「`」符號 (位於鍵盤上的波浪符號) 定義字串，就能在字串之間以「${ 變數名稱 }」的方式直接插入變數值。例如，下方是將剛剛的範例改以字串模板改寫的實作方法：

```
const name = '小明';
const food = '壽司';

const msg = `名字是: ${name}, 喜歡吃: ${food}`;

console.log(msg); // 執行結果: 名字是小明, 喜歡吃壽司
```

另外，字串模板也支援直接在「${ }」中進行 Javascript 運算：

```
const name = '小明';
const food = '壽司';

const msg = `名字是: ${name}, 喜歡吃: ${food}, 年紀是${2021 - 1998}`;

console.log(msg); // 執行結果: 名字是小明, 喜歡吃壽司, 年紀是23歲
```

1

CHAPTER

什麼是「前端框架」？

在第一次接觸到「前端框架」這個名詞時，許多人會將其與「網頁 css 模板」搞混。

前端框架並不是套好樣式的模版，而是過去的前端工程師將他們注意到，長久下來經常使用到的程式架構模組化，做成函式庫，提供給社群使用。在本章節，我們會介紹幾個前端開發常用到的程式架構，藉此了解為什麼會需要「前端框架」。

以多型函式製作方便管理的元件

在開發網頁時，當程式規模開始成長，為了方便模組化，經常會把大部份的程式碼都利用 Javascript 處理。我們來看看下方的範例：

```
let number = 0;
const container = document.getElementById('root');
const components = [];

function CtnButton() {
    const btn = document.createElement('button');
    btn.textContent = `點擊我`;
    btn.onclick = function () {
        console.log(`number目前是${number}`);
    };
}

function NumberDisplay() {
    const element = document.createElement('div');
    element.textContent = `number目前是${number}`;
}

components.push(new CtnButton());
components.push(new NumberDisplay());
```

```
<!DOCTYPE html>
<html lg="zh-tw">
    <head>
        <meta charset="utf-8"/>
        <title>學習React.js</title>
        <meta name="viewport" content="width=device-width, initial-
scale=1.0, maximum-scale=1.0, user-scalable=no">
    </head>
    <body>
        <div id="root">
        </div>
    </body>
    <script src="./js/index.js" type="text/javascript"></script>
</html>
```

在上方的程式碼中，我們擁有以下幾個程式單元：

1. CtnButton 元件
2. NumberDisplay 元件
3. number 變數
4. 指向 html 中 root 的 container

而在程式碼開發到一定規模時，我們會有很多以 Javascript 形成的 UI 元件，最後就會像是程式碼最後的 component 以陣列來管理。

問題來了，當我們想要同時把所有陣列中的元件插入至某個 html 元素內，但是每個元件的插入行為不一樣 (有的是插入 button 有的是插入 div)，有沒有辦法在不用任何 if 的情況下，在同一個 for 迴圈內以一行程式碼完成這個目標呢？當未來有新的元件時，要怎麼設計架構才能讓程式碼更方便擴充呢？

這個問題的解決辦法是 – **在每個元件宣告同名稱的函數**，在這個函數中個別定義要如何把自己的元素插入至目標元素中。(在需要宣告型態的強型態語言中，會使用到「多型」語法)

例如在剛剛的範例中，我們可以在 CtnButton 和 NumberDisplay 都建立一個 mount 函式。都是接收一個參數 root 做為要插入的對象，再個別定義要如何實作插入的行為：

```
function CtnButton() {
    const btn = document.createElement('button');
    btn.textContent = `點擊我`;
    btn.onclick = function () {
        console.log(`number目前是${number}`);
    };

    this.mount = function (root) {
        root.appendChild(btn);
    };
}

function NumberDisplay() {
    const element = document.createElement('div');
    element.textContent = `number目前是${number}`;

    this.mount = function (root) {
        root.appendChild(element);
    };
}
```

最後，我們只要在控制 components 陣列的地方，以一行 **for 迴圈呼叫每個元件的 mount 函數**，就能以簡易的程式碼正確的插入所有元件的元素到 container 內。當未來有新的元件時，開發者只需要在新的元件中也定義 mount 方法、加入 Component 陣列內，就能讓新的元件直接顯示於畫面上。

```
components.push(new CtnButton());
components.push(new NumberDisplay());

components.forEach((item)=>{
    item.mount(container);
})
```

以觀察者模式同步更新元件

另外一個很常見的情境是： 當某個變數被更新時，讓所有跟這個變數有關的 UI 都更新。例如在剛剛的範例中，假設我們希望當按鍵按下去時，number 會自動加一，又希望所有的 components 都能自動隨著 number 更新顯示的值，要怎麼做呢？

```
let number = 0;
const container = document.getElementById('root');
const components = [];

function CtnButton() {
    const btn = document.createElement('button');
    // 顯示number目前跟未來的值
    btn.textContent = `讓number從${number}變成${number + 1}`;
    btn.onclick = function () {
        console.log(`number目前是${number}`);
        // 每按一次，number就加一
        number++;
    };

    this.mount = function (root) {
        root.appendChild(btn);
    };
}
```

程式初學者一般會想到無限迴圈，然而這是一個很浪費資源的方法。在設計模式中的「觀察者模式」就是用來解決這個問題。實作方法如下：

首先，我們要定義一個用來改變 number 的函式 setNumber。

```
let number = 0;
const container = document.getElementById("root");
const components = [];

function setNumber (nextNumber){
    number = nextNumber;
}
```

接下來每當我們要修改 **number** 時，都只能透過呼叫這個函式來修改。所以在 CtnButton 中，就要把 number++ 換成 setNumber。

```
function CtnButton() {
    const btn = document.createElement('button');
    btn.textContent = `讓number從${number}變成${number + 1}`;
    btn.onclick = function () {
        console.log(`number目前是${number}`);
        // 不再是直接對number修改，而是使用setNumber
        setNumber(number + 1);
    };

    this.mount = function (root) {
        root.appendChild(btn);
    };
}
```

為什麼要這樣做呢？**這是因為我們可以在 setNumber 中加上想要在 number 更新前 / 後做的事情**。現在我們希望當 number 被改變時，所有 components 中的元件顯示的資料都會更新。所以只要在每個元件中都建立一個同樣名稱的函式 (以下圖的 update 函式為例)，在這個函式定義個別更新方式，最後在 **setNumber** 中，於改變 **number** 後，**呼叫元件都有的這個「更新函式 (update)」，就能在 number 改變後觸發所有元件的更新了！**

```
let number = 0;
const container = document.getElementById("root");
const components = [];

function setNumber (nextNumber){
    number = nextNumber;
    // 在number被修改後，觸發所有元件的更新
    components.forEach((item)=>{
        item.update();
    });
}
```

以範例而言，在 CtnButton 和 NumberDisplay 中，都定義一個名叫 update

的函式，在裡面處理個別的更新方式，接著按下按鍵，我們就能觀察到所有的 UI 都隨著 number 的改變而同步更新：

```
let number = 0;
const container = document.getElementById("root");
const components = [];

function setNumber (nextNumber){
    number = nextNumber;
    components.forEach((item)=>{
        item.update();
    });
}

function CtnButton(){
    const btn = document.createElement("button");
    btn.textContent = `讓number從${number}變成${number+1}`;
    btn.onclick = function(){
        console.log(`number目前是${number}`);
        setNumber(number+1);
    }

    this.mount = function(root){
        root.appendChild(btn);
    }

    this.update = function(){
        btn.textContent = `讓number從${number}變成${number+1}`;
    }
}

function NumberDisplay(){
    const element = document.createElement("div");
    element.textContent = `number目前是${number}`;

    this.mount = function(root){
        root.appendChild(element);
    }

    this.update = function(){
        element.textContent = `number目前是${number}`;
    }
}



components.push(new CtnButton());
components.push(new NumberDisplay());

components.forEach((item)=>{
    item.mount(container);
})
```

小結

「多型函式」和「觀察者模式」都是常見的程式設計架構。在接下來學習 React 時，讀者將會看到許多類似剛剛實作出來的功能。希望本章以原生 Javascript 方式實作的簡易範例，能幫助讀者在接下來更容易理解 React 的思維。

CHAPTER

2

認識 React 和環境建置

Ch 2-1. React 從 class 到 function 的歷史

認識 React

React 是由 Facebook 推出的前端框架 (近年社群上也有評論認定 React 為函式庫、而非框架)。由於使用了特殊的「JSX 語法」，React 最被人推崇的就是可以對 HTML 元素進行 Javascript 的邏輯運算。我們會在後面的教學中深入理解這個部份。

在 React 中，我們可以讓自己製作的元件模組化，並以和過去使用網頁基礎元素一樣的方式使用。後來這項特性也被另外兩大框架 Vue、Angular 導入。

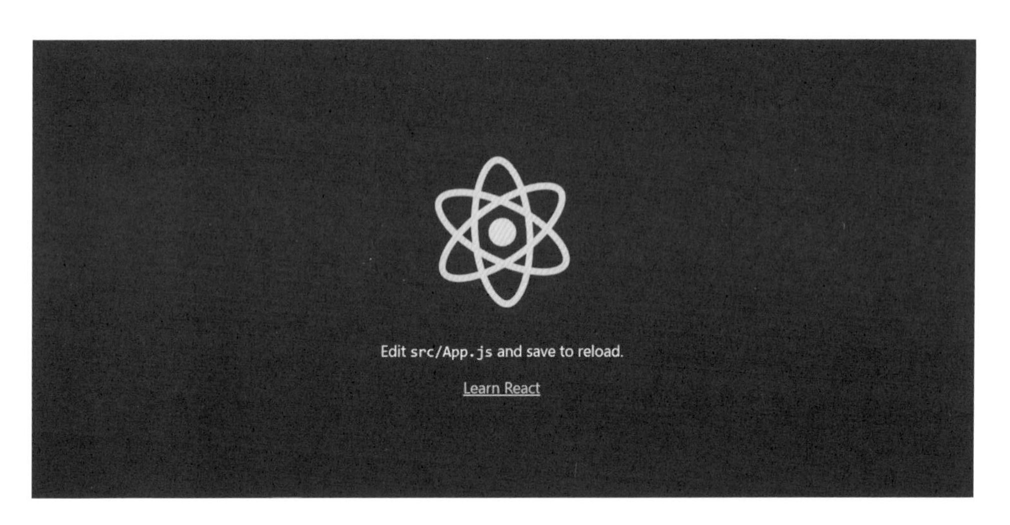

2019 年以前的 React - Class Component

在 2019 年以前，React 極度仰賴 ES6 的 class 語法。雖然 class 繼承的特性讓 React 擁有強大的各項功能，但也產生了以下兩個重要的問題：

1. **學習成本高，對新手不友善。**

要會 React，你除了 JSX 要學、還要會 ES6 的 class、還要懂繼承、還要知道 class 當中的各個 scope 和作用域的關係 ......。

2. **class component 很笨重**

由於要用 class 的繼承特性去承接 React 寫好的功能，當要使用 React 的特有功能時，大部份的時候都要做一個元件出來。但有的時候我們並不是要創造元件，而只是要使用 React 的一兩個特性，卻沒辦法用更直覺、簡單的模組化方式。又或者只是一個很簡單的元件，卻因為要遵循 ES6 class 的語法而讓架構看起來很複雜。

2019 年以後的 React 與 Hook - Function Component

為了解決這個問題，在 2019 年，React 推出了 React hook。其原理可以想像成是生出一個外部的邏輯處理中心，是把 React 的功能拉到裡面處理。當我們要在函式產生的元件使用 React component API 時，會在創造元件的那一瞬間，依照順序給每一個使用的 **React component API** 一個編號，之後只要去比對在元件中編號，就知道現在要用的 **component API** 邏輯是屬於誰的了。

這樣的概念就像是「用鉤子勾在元件中的固定位置」，所以稱為 Hook。

React hook 推出後風靡了整個社群，它讓元件不再笨重，可以用簡易的函式來創造元件、更直覺的模組化 React 特性。這樣的狀況甚至影響了 Vue。2020 年 9 月 Vue 3.0 Release 正式推出，如果讀者在學習完本系列後接觸到 Vue 3.0，會發現其語法近似於「沒有 JSX 的 React」。

由於 **class component** 正在被 **React** 社群逐漸捨棄中，本書內容將以 **React Function component** 為主來講解，有關 class component 的內容將於附錄方式列於本書最後面。

Ch 2-2. 環境設定

環境設定 - 前言

在前面，本書提及 React 是 Facebook 開發的一套前端框架函式庫。可是瀏覽器沒有那麼聰明，不會因為世界上每多一個新函式庫就認得它的語法，那怎麼辦呢？

這個時候我們就需要**套件管理工具、打包工具和編譯器**。

套件管理工具可以讓開發者引用其他人寫好、放置於套件管理平台的函式庫。例如： 讓社群開發者使用 Facebook 開發的 React。

打包工具可以幫我們管理不同的 Javascript 檔案、把多個 Javascript 檔案合併成一個或多個檔案 (一般稱為 bundle.js)。在過去的前端開發上，過多的分檔會導致 html 檔案中出現大量零碎的 script 標籤。打包工具除了能夠解決這個問題外，也提供讓開發者更方便針對靜態檔案加入效能分析、優化的方案。

編譯器的概念在其他非直譯語言很常見。以 **C 語言舉例來說，本來一般電腦只認得 0 和 1，所以開發者只好做出一個「轉換器」，先把 C 語言先轉換成組合語言，再把組合語言對應到電腦認得的 0 和 1 序列組合**。這個轉換器就稱為「編譯器」。

雖然原生 Javascript 是屬於不需要編譯的直譯語言，但是開發 React 時，我們會需要用編譯器把開發 **React** 常用到的部分特殊語法 (例如： **ES6**、**JSX)**，轉換成原生、或是舊版本的 **Javascript**。讓瀏覽器能正常執行我們的程式。

環境設定 - 安裝 npm

以前專案小的時候我們會習慣透過 script 使用 CDN 引入外部函式庫，但當外部套件很多的時候就不適合這樣使用，也有可能會有載入時機不易控制的問題。

npm 是「套件管理系統」。簡單來說，你可以用它下載、管理許多別人已經寫好的函式庫。接下來，我們會用 npm 來取得 Facebook 寫好的 React。

請到 https://nodejs.org/en/ 進行下載 Node.js 並安裝，npm 會一起被安裝。**windows** 系統安裝完請重新開機。

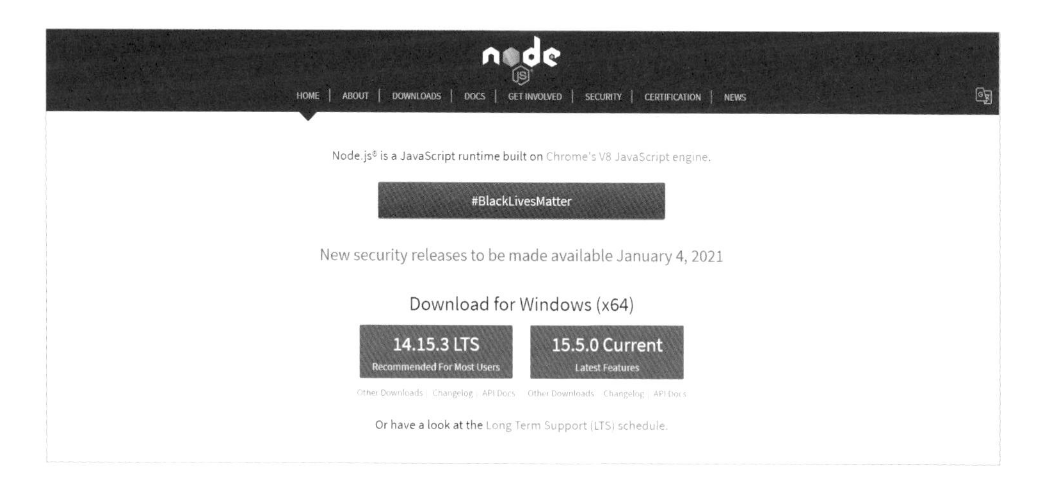

安裝 create-react-app

前面提到，如果我們需要開發 React，必須要有打包工具和編譯器。而現今前端開發上最通用的這兩個工具分別為：

- 打包工具： webpack
- 編譯器： Babel

但是這兩項工具的設定對新手來說相對困難。因此， **react** 官方有在 **npm** 上提供我們已經設定好開發 **react** 所需 **webpack**、**Babel** 的範本程式，也就是 **create-react-app**。

請打開電腦的終端機 (cmd/terminal)，輸入以下指令：

```
npm install -g create-react-app
```

create-react-app 就會透過 npm 被安裝好。

npm 安裝套件的方式是透過指令，用 「npm install 套件名稱」 或 「npm i 套件名稱 」就能在目錄下安裝指定套件。套件原始碼會存放在目錄底下自動生成的 node_module 資料夾內。

而在指令中加入 -g 會讓這個套件進行全局安裝 (不管在哪都能使用，像是 global 和 local 變數的差別)。一般是在需要用套件相關指令時會用到。
* 註： 非必要請不要用 -g ，容易造成套件版本衝突問題。

(可跳過) IDE(文字編輯器)的安裝和設定 - vscode

vscode 是由微軟推出，這幾年急速竄紅的文字編輯器 (如果你已經找到適合的編輯工具，可以直接跳過這一步看下一篇)。

1. 請到 https：//code.visualstudio.com/ 下載 vscode

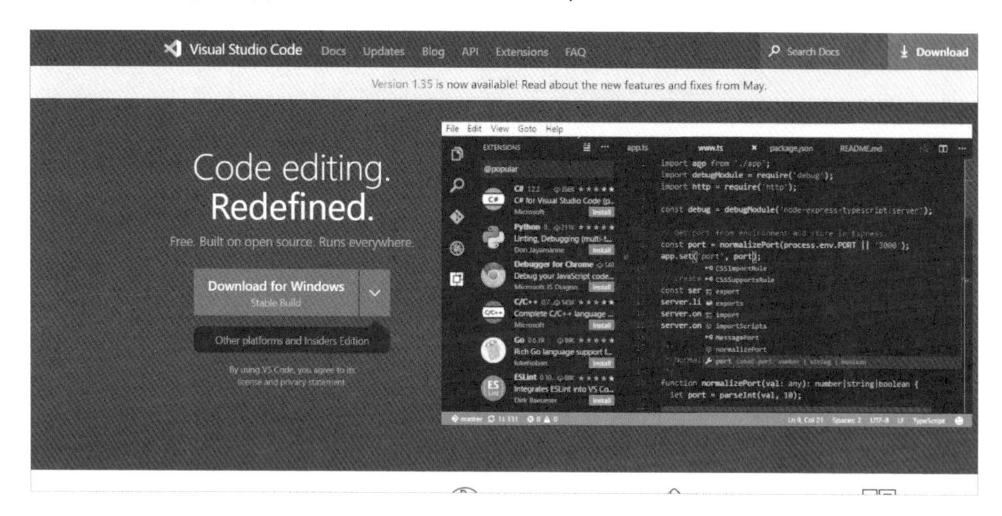

2. 點選左側 Extension

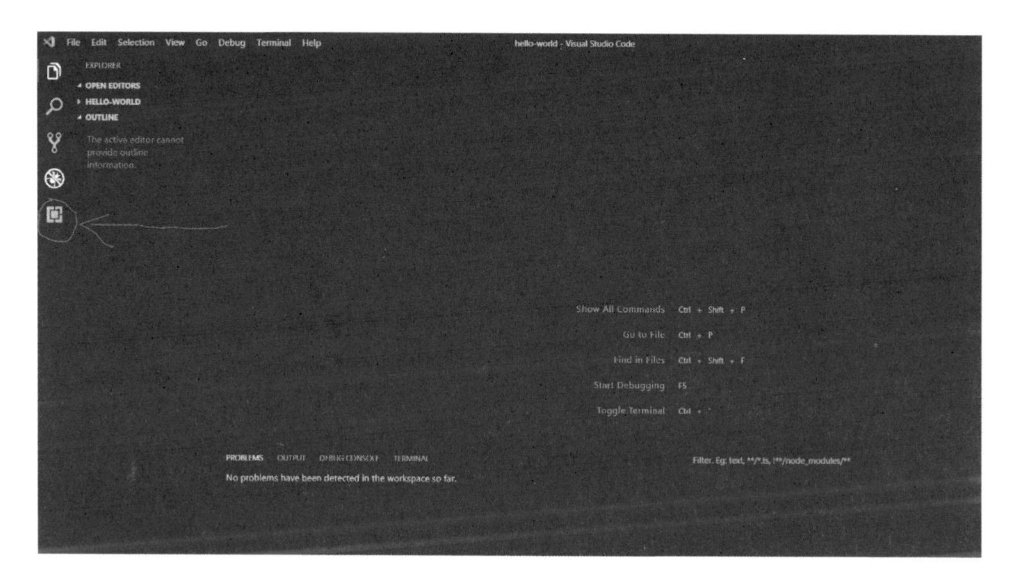

3. 搜尋並安裝 ESlint

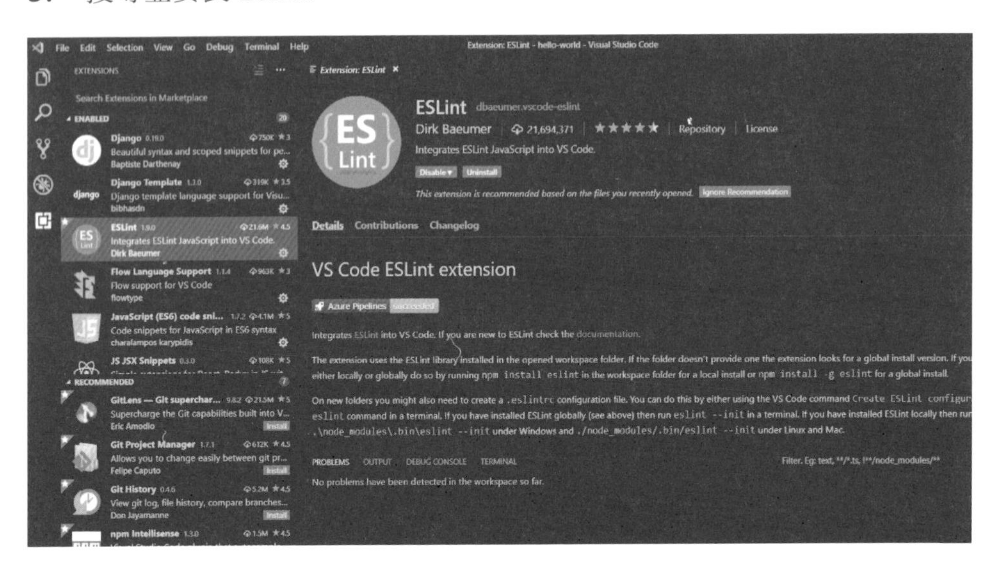

4. 搜尋並安裝 JS JSX Snippets

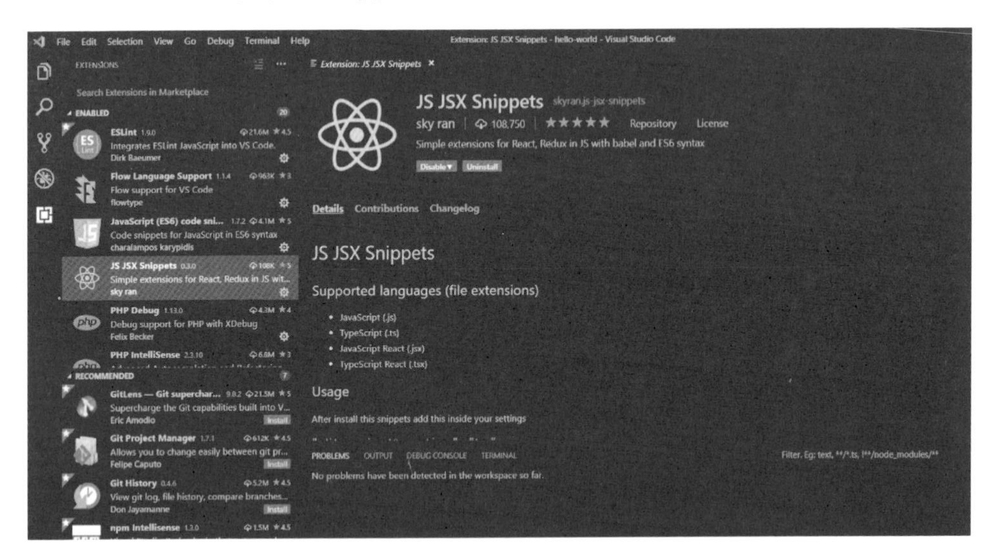

基礎的編輯環境就設定好了。

Ch 2-3. 建立專案與開發流程

建立專案

我們安裝好了 create-react-app，現在就可以用它來建立我們的專案。

1. 請建立一個放專案的資料夾
2. 開啟終端機 (terminal，在 windows 可使用 cmd 或 powershell)
3. 移動至「步驟 1 建立的資料夾」的位置。在 windows/linux/mac 中，移動的指令都是 cd 路徑，如果要回到上一層，則是使用「cd ..」(windows 系統當打開 cmd 時，會預設在 C：\User\ 使用者名稱下。)
4. 使用 create-react-app 創建專案的方式是在終端機輸入

```
create-react-app 專案名稱
```

所以，現在我們輸入以下指令後，一個叫做 react-practice 的專案就會被創立：

```
create-react-app react-practice
```

此時會出現一個名叫「專案名稱 (以此範例是 react-practice)」的資料夾。

> 如果出現以下訊息：
>
> **無法辨識 'create-react-app' 詞彙是否為 Cmdlet、函數、指令檔或可執行程式的名稱。**
>
> 代表在使用 npm 安裝 create-react-app 時沒有輸入 -g 參數。
>
> 重新輸入 npm i -g create-react-app 即可解決。

5. 用終端機移動到步驟 4 產生的資料夾底下，或是用 vscode 的 open folder 開啟它，因為 vscode 的終端機會自動切換到開啟的目錄下

6. 在終端機輸入以下指令

```
npm start
```

等待執行完畢後，若出現此畫面，就代表我們的專案成功被建立了。

```
Compiled successfully!

You can now view to-do-list in the browser.

  Local:            http://localhost:3000
  On Your Network:  http://172.31.160.1:3000

Note that the development build is not optimized.
To create a production build, use yarn build.
```

此時打開瀏覽器，輸入 http：//localhost：3000/ ，就能看到我們目前撰寫的 react 網頁。

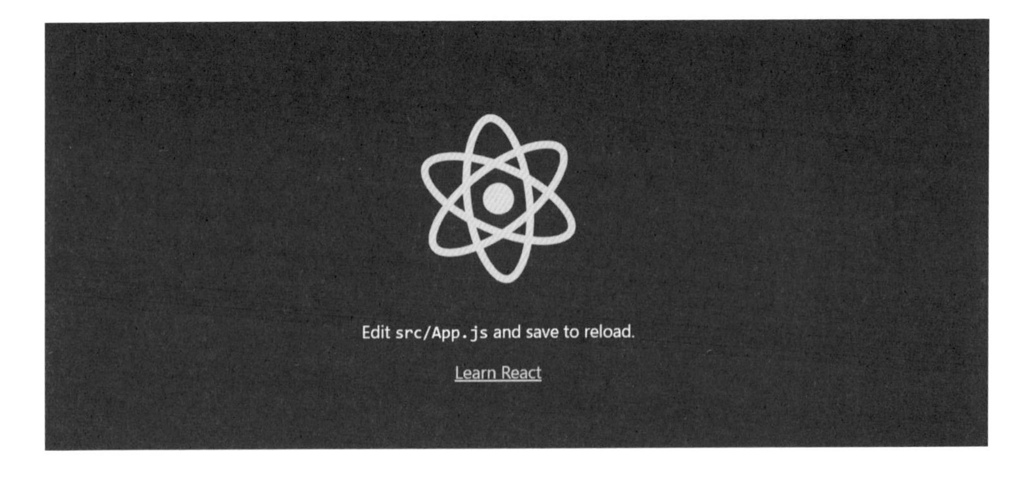

開發流程

前面有提過，React 使用到的新 JS 語法，必須要經由打包、編譯等等的前處理 (preprocessing)，才能在瀏覽器上運作。

然而編譯這個動作需要花上一點點時間。如果我們在撰寫程式的過程中，想一邊寫一邊看結果是否正確，這樣每次都要花時間 preprocessing 不是很浪費時間嗎？

在前述的步驟中，我們輸入了以下指令來檢視開發中的網頁：

```
npm start
```

這是 create-react-app 預設提供給開發者用來預覽 / 除錯用的指令，這個指令雖然能夠即時將我們修改程式的結果反應在畫面上，但並不能夠用來實際部屬。

現在請讀者輸入以下的指令：

```
npm run build
```

此時 create-react-app 會開始把 react 編譯成瀏覽器看的懂的程式碼。在執行結束後，專案下會出現一個 build 資料夾。**這個 build 資料夾內的檔案就是當我們結束開發後，要放置在伺服器上的檔案。**

總結來說，我們必須要透過以下流程來用 create-react-app 開發 react 專案：

開發時：

1. 建立專案
2. 執行 **npm start**
3. 在本地端修改、開發程式

結束開發時：

1. 執行 **npm run build**
2. 將 build 資料夾底下的檔案部屬在伺服器上

以上是基礎建立 React 專案的方式。在下一章節中，我們會開始撰寫、分析第一個 React 程式。

3 CHAPTER

Hello, React !

Ch 3-1. 第一個 React 程式 - Hello world

請將 src/index.js 的程式碼改為：

```
import React from 'react';
import ReactDOM from 'react-dom';

ReactDOM.render(<div>hello React!</div>, document.getElementById('root'));
```

接著執行 npm start，打開 http：//localhost：3000，你會看到：

hello React!

我們的第一個 React 程式就完成了。接下來，我們會一一說明在這短短幾行程式碼中 React 做了什麼、解釋讀者可能會對此程式碼有疑惑的地方。

Ch 3-2. 解析程式之前 - 談談 React Virtual DOM

在原生的 Javascript 中，我們會直接用 「document. 屬性 = 新值」 來修改網頁程式 (也就是操作 DOM)。 然而這樣做，很容易會不小心修改到不需要更動的地方，造成資源的浪費。

設計 React 的工程師為了解決這件事，讓 React 程式碼在更新 DOM 之前，**先用 Javascript 製造出一個模擬的 DOM，用這個 Virtual DOM 模擬所有「更新後應該要長的樣子」**。由於網頁程式文件 (DOM) 的架構就像是一棵樹，所以工程師引入資料結構中樹的 Traversal 概念，設計出一個特殊的 Diff 演算法，去比較「模擬好未來長怎樣的虛擬 DOM」和「當前 DOM」所有節點的差別。最後，**React 就只會去修改「有不一樣的地方」，達到避免資源浪費的效果**。

請注意由於多了一層上述過程，引入 **Virtual DOM** 會讓更新的速度比直接操作 **DOM API** 慢 (只不過通常沒感覺)，**Virtual DOM** 只是讓資源浪費最小化而已。

Ch 3-3. 解析程式

回過頭來看範例的程式碼：

```
import React from 'react';
import ReactDOM from 'react-dom';

ReactDOM.render(<div>hello React!</div>, document.getElementById('root'));
```

請先看到第三行的 React.render。開發 React 程式的進入點 (等同於一般程式語言中的 main) 是讓所有的 **React** 程式碼，透過 **ReactDOM** 提供的 **render** 函式綁定到 **html** 裡面，這也是我們需要在第二行引入 **ReactDOM** 的原因。render 函式第一個參數是「要渲染到畫面上的元素」，第二個參數是「元素要放在哪個 **HTML** 元素內」。以這裡為例就是把 <div>hello React!</div> 綁定到 html 的 <div id="root"></div> 裡面。

那麼這個 html 檔案在哪裡呢？ 請打開 public/index.html，你會發現在 body 內有一個 id 為 root 的 div 元素。這就是我們綁定 React 程式的地方。

```
<!DOCTYPE html>
<html lang="en">
  <head>
    <meta charset="utf-8" />
    <link rel="icon" href="%PUBLIC_URL%/favicon.ico" />
    <meta name="viewport" content="width=device-width, initial-scale=1" />
    <meta name="theme-color" content="#000000" />
    <meta
      name="description"
      content="Web site created using create-react-app"
    />
    <link rel="apple-touch-icon" href="%PUBLIC_URL%/logo192.png" />
    <title>React App</title>
  </head>
  <body>
    <noscript>You need to enable JavaScript to run this app.</noscript>
    <div id="root"></div>
  </body>
</html>
```

一般的做法是之後專案所有對於對於網頁元素的操作都在 **React** 中撰寫，傳到 **render** 函式第一個參數後，透過這一行 **ReactDOM.render** 渲染到 **html** 檔案內。也就是所有專案的元素都會被 React 包進 index.html 的 <div id="root"></div> 裡面。

不過看到這裡，讀者應該會有一個很大很大的疑惑：

> 為什麼第一個參數不是字串，而是 HTML 程式碼，卻不會有任何問題呢？

Ch 3-4. JSX

前面有提到，React 會在 Virtual DOM 中以 Javascript 製造出一個模擬的 DOM，其粗略運作方式如下圖 (僅示意，與實際底層程式碼可能有出入)：

```
// 本來的html
<div id="container">
    <button>內層按鈕</button>
</div>;

// 在React的Virtual DOM中可能的樣子
const innerElement = {
    elementType: 'button',
    textContent: '內層按鈕',
};

const outerElement = {
    elementType: 'div',
    attributes: {
        id: 'container',
    },
    children: [innerElement],
};
```

而為了能讓 React Virtual DOM 得到上圖下方的物件格式。在初期的 React 是讓開發者使用 React.createElement 這個 API 去創造元素：

```
React.createElement('div', undefined, 'hello world');
```

第一個參數是元素類別，第二個參數是 props(本書後面會提到)，第三個參數是原本 html 語法中夾在標籤中的內容。

然而對一般開發者而言，這樣的寫法很不直覺，能直接撰寫 HTML 標籤才是最直觀的。於是，**React 維護者結合之前提過的「編譯器」，製作了「讓 HTML 可以直接寫在 Javascript 的語法」- JSX**。

JSX 的語法是什麼呢？

在 React 16 之前，只要你有在程式的開頭以下面的方式引入 React，Babel(編譯器) 在編譯時遇到 JSX 語法的時候，就會自動幫我們轉成 **React.createElement**。

```
import React from 'react';
```

以下是 JSX 的一些規定：

1. HTML 語法可以當作參數、變數值傳遞

例如，下方是合法的語法：

```
import React from 'react';
import ReactDOM from 'react-dom';

const menuFactory = () => {
    return <div>hello world!</div>;
};

ReactDOM.render(
  menuFactory(),
  document.getElementById('root')
);
```

2. 傳遞 HTML 時，只能傳遞一個標籤元素

舉例而言，下圖中的寫法是錯誤的 (因為傳遞的是兩個標籤元素)：

```
import React from 'react';
import ReactDOM from 'react-dom';

ReactDOM.render(
    (<div>hello world!</div><button>我是按鍵</button>),
   document.getElementById('root')
);
```

那如果我們想要傳遞多個元素怎麼辦？這個時候就要用一個 container 把元素包起來：

```
import React from 'react';
import ReactDOM from 'react-dom';

ReactDOM.render(
    <div>
        <div>hello world!</div>
        <button>我是按鍵</button>
    </div>,
    document.getElementById('root')
);
```

但是這樣很容易多出一堆沒有用的 container。為了解決這個問題，**React** 提供了一個叫 **Fragment** 的元件。實際渲染到畫面上時，React 會自己把 Fragment 去除掉。

```
import React, { Fragment } from 'react';
import ReactDOM from 'react-dom';

ReactDOM.render(
    <Fragment>
        <div>hello world!</div>
        <button>我是按鍵</button>
    </Fragment>,
    document.getElementById('root')
);
```

```
<html lang="en">
▶ <head>…</head>
▼ <body> == $0
    <noscript>You need to enable JavaScript to run this app.
    </noscript>
  ▼ <div id="root">
      <div>hello world!</div>
      <button>我是按鍵</button>
    </div>
```

另外如果嫌Fragment這個單字太長，React也有提供**Fragment**簡寫的語法：**<></>**，其效果和剛剛一模一樣。

```
import React from 'react'; // 注意這裡不用引入Fragment
import ReactDOM from 'react-dom';

ReactDOM.render(
    <>
        <div>hello world!</div>
        <button>我是按鍵</button>
    </>,
    document.getElementById('root')
);
```

3. 可以在 HTML 標籤中利用「{}」寫 Javascript 表示式

以下面這個範例而言 ：

```
import React from 'react';
import ReactDOM from 'react-dom';

ReactDOM.render(
  <div>{1 + 1}</div>,
  document.getElementById('root')
);
```

執行結果是：

2

請注意如果要在 {} 中使用字串，就必須要使用 " 文字 " 或是 ' 文字 '，因為 {} 中就等於是 Javascript 語法了。相反的像 **true** 或 **false** 這種布林值就不能加上引號。

另外，在 Javascript 中有個特別的布林值比較語法。像是以下 code 代表如果 **condition** 為 true 時，回傳後面的 1。

```
const condition = true;
const data = condition && 1;

console.log(data);
// 印出 1
```

這個語法很常被利用在 JSX 中，讓程式碼更簡潔。例如在以下程式碼中，你會發現按鍵並沒有被顯示：

```
ReactDOM.render(
    <ul className="menu">
        {false && <button>我是按鍵</button>}
    </ul>,
    document.getElementById('root')
);
```

換成下方的寫法就會顯示了：

```
ReactDOM.render(
    <ul className="menu">
        {true && <button>我是按鍵</button>}
    </ul>,
    document.getElementById('root')
);
```

也就是剛剛的程式碼其實等於：

```
const menuItemFactory = () =>{
    if(true)
        return <button>我是按鍵</button>;
}

ReactDOM.render(
    <ul className="menu">
        { menuItemFactory()}
    </ul>,
   document.getElementById('root')
);
```

4. 「class」屬性變成「className」。

```
//這是正確的寫法
ReactDOM.render(
    <ul className="menu">
        <li className="menu-item">Like的發問</li>
    </ul>,
    document.getElementById('root')
);

//這是錯誤的寫法
ReactDOM.render(
    <ul class="menu">
        <li class="menu-item">Like的發問</li>
    </ul>,
    document.getElementById('root')
);
```

5. style 變為一物件、屬性名稱規則改用駝峰法 (用大寫區隔)、屬性的值變成字串

```
const menuItemStyle = {
    marginBottom: '7px',
    paddingLeft: '26px',
    listStyle: 'none',
};

ReactDOM.render(
    <ul className="menu">
        <li className="menu-item" style={menuItemStyle}>
            Like的發問
        </li>
    </ul>,
    document.getElementById('root')
);
```

需要特別注意的是直接在標籤中給 style 值的寫法：

```
ReactDOM.render(
    <ul className="menu">
        <li
            className="menu-item"
            style={{
                marginBottom: '7px',
                paddingLeft: '26px',
                listStyle: 'none',
            }}
        >
            Like的發問
        </li>
    </ul>,
    document.getElementById('root')
);
```

這裡之所以會有兩層大括號，是因為外面那層括號代表 style 要被賦予的值會是 javascript 語法，裡面的括號則表示物件型態。

6. 元素 Array 會被自動展開

在下面的程式中，menuItemArr 是一個 array，React 就自動展開它裡面的元素並顯示。

```
import React from 'react';
import ReactDOM from 'react-dom';

let menuItemWording = ['Like的發問', 'Like的回答', 'Like的文章', 'Like的留

let menuItemArr = menuItemWording.map((wording) => (
    <li className="menu-item"> {wording}</li>
));

ReactDOM.render(
    <ul className="menu">{menuItemArr}</ul>,
    document.getElementById('root')
);
```

7. 所有原生的屬性名稱改為駝峰法命名

例如，onclick 變成了 onClick。

```
const handleClick = (event) => {
    console.log(event.target.value);
};

ReactDOM.render(
    <ul className="menu">
        <button value={87} onClick={handleClick}>我是按鍵</button>
    </ul>,
    document.getElementById('root')
);
```

有關其他輸入元素的控制方法，我們會在後面的章節提到。

Ch 3-5. React 17 之後

使用 JSX，再讓 Babel 轉成 React.createElement 的做法，在開發上雖然比以前方便很多，但也遇到了兩個問題：

1. 為了要讓 Babel 知道要轉成 React.createElement，每次在 React 元件的 JS 檔中都要 **import React from 'react'**。
2. 有一些改善效能、簡化的語法會因為 React.createElement 而不能使用。

為了解決這兩個問題，在 2020 年推出的 React 17 中，讓 Babel 能夠在編譯時，只要遇到 JSX 就會知道要轉成一個新的函式 - **jsx()**。簡單來說，React 17 以後我們就不用在開頭一直寫「**import React from 'react'**」了！

```
jsx('h1', { children: 'Hello world' });
```

不過在 2020 年 9 月，React 預設還是用原本的編譯方式，有些第三套件也尚未正式支援 React 17。如果你現在就想體驗這個功能，要對打包工具新增一些設定，詳情可以參考 React 官網。

參考資料： https：//reactjs.org/blog/2020/09/22/introducing-the-new-jsx-transform.html

4

CHAPTER

基礎 Function Component

Ch 4-1. 元件化的程式

在設計前端網頁專案結構的過程中，我們經常會把重複出現的 UI 元件模組化，做成自製的元件。

> 現在我們已經知道在 React 中，透過 JSX 可以讓 HTML 標籤元素被模組化運算，那如果我們自製的元件也能用和 **HTML** 標籤元素一樣的方法以 **JS** 模組化、運算、使用，該有多好啊？

在這樣的想法下，React component 就誕生了。React component 有兩種形式：

- Class component： 以 ES6 的 class 語法運作
- Function component： 以一般函式 + React hook 運作

由於 class component 正逐漸被社群捨棄，且學習成本較高，**本書內容將會以 function component 為主**，class component 的內容會以附錄的方式列於本書最後。

function component 的語法

在 React 中，我們只要遵循以下規則，就能讓 function 變成 React 的元件，並且在 JSX 中以 < 我的元件 /> 或是 < 我的元件 ></ 我的元件 > 方式使用。

- 開頭引入 React(React 17 前)
- 函數名稱為大寫
- 回傳 JSX

例如，假設有一個元件 MenuItem 以原生 **JS** 的寫法如下：

```
function MenuItem(wording) {
    let menuItem = document.createElement('li');
    menuItem.setAttribute('class', 'menu-item');
    menuItem.textContent = wording;

    this.getDOMItem = () => menuItem;
}

// 在主程式中
const menuItem = new MenuItem('選單文字');
document.getElementById('root').appendChild(menuItem.getDOMItem());
```

轉換成 **React Component** 的語法就會是如下：

- src/component/MenuItem.js (請先在 src 底下新增 component 資料夾再建立 MenuItem.js)

```
import React from 'react';

function MenuItem() {
    return <li className="menu-item">文字</li>;
}

export default MenuItem;
```

回到 src/index.js，我們就能以「<MenuItem/>」或是「<MenuItem></MenuItem>」的方式使用這個元件：

- src/index.js

```
import React from 'react';
import ReactDOM from 'react-dom';

// 引入剛剛撰寫的元件
import MenuItem from './component/MenuItem';

ReactDOM.render(
    <div>
        <MenuItem />
    </div>,
    document.getElementById('root')
);
```

看到這裡，讀者可能會有個疑惑，自製標籤元素和下圖的「回傳元素的 JSX 函式」有什麼差別呢？

```
import React from 'react';
import ReactDOM from 'react-dom';

function menuItem() {
    return <li className="menu-item">文字</li>;
}
ReactDOM.render(
    <div>
        {menuItem()}
    </div>,
    document.getElementById('root')
);
```

「回傳 JSX 的一般函式」只能用來運算、模組化元素，而 React component 除了運算和模組化外，還能使用其他 React 設計用來操控元件、優化效能的 API。我們會在接下來的章節中一一介紹他們。

Ch 4-2. props - 以外部參數控制元件

在前一章中，我們讓 React component 能用跟使用 button、div 這些元素一樣的方法寫在 JSX 中。看到這邊，讀者可能會有個想法：

> 我們在使用 div、button 的時候，常在標籤中加上 style、value、onclick 這些屬性 (attribute) 來控制元素，我們可不可以也給我們自製的 component 一些能控制的 attribute 呢？

當初 React 的設計者也有想到這點。於是，React 的設計者就讓所有寫在自**製元件標籤上的「屬性」，和其他從外部控制元件的參數包成一個物件，傳入 React component 中，稱為 props**。

什麼是 props ？

在過往，我們常把在下面的程式碼中 button 的 value、id 等稱為 attribute。

```
<button id="btn" value="hello"> 大家好 </button>
```

而 React JSX 把我們自製的 component 當中**所有的控制的元件 attribute 和其他參數 (例：夾在標籤內中的內容) 整合成一個物件，稱為 props**。舉例來說：

```
<App version="4" data="none"/>
```

在上面的程式碼中，App 的 props 包含了 version、data，也就是對 App 來說，它接到一個像這樣結構的參數：

```
props:{
    version: "4",
    data: "none"
}
```

使用 props 綁定資料

我們接續上一篇的程式碼來學習，基礎使用 props 的方法：

1. 首先，我們要給我們自製的 MenuItem 元件一個自訂屬性 text，用這個 text 屬性來指定我們按鍵的名稱。打開 src 資料夾底下的 index.js。把 render 函式修改為：

```
ReactDOM.render( //在MenuItem標籤中加入text屬性
    <div>
        <MenuItem text="這是傳入props的一個屬性"/>
    </div>,
    document.getElementById('root')
);
```

2. 接著，我們要給 MenuItem 函式加入 props 參數來接受 props。請打開 src/component/MenuItem.js。把剛剛的 MenuItem 函式修改為：

```
import React from 'react';

function MenuItem(props) { // 加入props到參數
    return <li>文字</li>;
}

export default MenuItem;
```

3. 但是這樣我們的 MenuItem 函式只是能夠接收 props 而已，並沒有在任何地方使用。因此，我們要把回傳的 li 中的文字改成我們在 index.

js 中指定給 props 物件的 text：

```
import React from 'react';

function MenuItem(props) { // 加入props到參數
    // 使用props中的text
    return <li>{props.text}</li>;
}

export default MenuItem;
```

執行結果就會出現：

- 這是傳入props的一個屬性

解構賦值與 props

還記得在本書首章介紹的解構賦值嗎？

由於 props 是一個物件，解構賦值目前也被提倡對 props 使用。其好處除了可以讓協作者更容易理解，此元件需要傳什麼資料進 props 外，未來如果有導入 Typescript 到 React 中的需求，也能更快速的知道要怎麼定義 interface。

範例的程式碼改以用解構賦值來接收 props 的方式如下：

```
import React from 'react';

function MenuItem({ text }) { // props = { text = "傳入的文字" }
    return <li>{text}</li>;
}

export default MenuItem;
```

children - 夾在中間的 props

先前，當我們使用 React component 時，多半是這樣使用的：

```
<元素名稱 />
```

然而在本章開頭，我們提到過像這樣的使用方法也是可以的：

```
<元素名稱> 其他元素 or 文字 </元素名稱>
```

在以前使用純 html 語法時，我們也常常用這樣巢狀的方式包住多個元素。那麼我們要怎麼在自製 React 元素中使用包在中間的「其他東西」呢？

設計 React 的工程師也想到了這點，於是，他們把「夾在標籤中間」的內容也全部包成一個物件，稱為 **children**，然後再傳進 **props** 裡面。

children 的使用

children 是 **props** 之一，所以當使用的 children 改變時，畫面也會重繪。接續上一篇的程式碼來練習使用 children。

1. 請把 index.js 中的 <MenuItem/> 改成 <MenuItem></MenuItem>，並在兩個標籤中間加入文字。

```
ReactDOM.render(
    <div>
        <MenuItem> 利用children設定文字 </MenuItem>
    </div>,
    document.getElementById('root')
);
```

2. 在 MenuItem.js 函式中 li 標籤內使用 children。因為 children 是 props 之一，所以使用方法為 props.children。

```
import React from 'react';

function MenuItem(props) {
    // 將props.text 改為 props.children
    return <li>{props.children}</li>;
}

export default MenuItem;
```

執行結果：

- 利用children設定文字

為什麼不用一般 props 就好而是要用 children ？

學到這邊，讀者可能會有個想法。

同樣是透過 props 傳遞參數給元件，為什麼不一律透過放在標籤上的方式傳遞，而是要用夾在標籤中間的 props. children 傳遞呢？

最主要有兩個原因：

1. 易讀性：在閱讀程式碼時，children 更能明確的表達出元件之間的層級關係。像是作為 container 的元件，就能透過 children 表現出哪裡是包覆巢狀內元件的地方。
2. 擴充性： 使用 children 就能一次引入所有的巢狀內的子元件，這樣的概念也是類似於設計模式 (Design Pattern) 中的 Composite Pattern。

也因為這兩個原因，我們通常會讓作為 container 的父元件用 children 接收包覆的子元件，而一般控制元件的參數則是用標籤上的 props 傳遞。

Ch 4-3. 用 useState 創造在內部控制元件的 state 變數

本書在第 1 章所介紹觀察者模式時曾提及，在過去以原生 Javascript 撰寫元件時，經常會遇到需要用到「當變數發生改變時，要同步更新 UI」的狀況。

由於這種「當某個 JS 變數改變時，有很多 DOM 元素需要依據此變數被更新」的功能很常被使用，**React 將其模組化做成獨立的功能，稱為 state**。

使用 state 會發生什麼事呢？

你可以把 **state 想像成是一種特別的變數**。當 state 被改變時，React 會去檢查這個變數在 Virtual DOM 中所有與其牽連到的地方，**並根據 state 改變後的結果去重新渲染 DOM**。

function component 的 state 製造機 - useState

過去，由於 ES6 的 class 有提供繼承功能，我們可以藉由繼承 React 寫好的 class 來使用 state。但是 function component 就不行。

在 React hook 推出後，我們可以藉由引入 React hook 函式庫來使用 state。React hook 會把 React 的相關特性**依照呼叫的順序執行**。

useState 就是讓開發者能在 function component 中使用 state 的 React hook。

useState 語法

我們可以從 React 函式庫中取得 useState。

```
import React, { useState } from 'react';
```

useState 是一個函式，它接收一個參數，這個參數會是 state 的初始值。

```
useState(false);
```

useState 這個函式的回傳值是一個 Array。Array 的第一個值是 state 變數，第二個值是「用來改變 state」的函式 (後續簡稱此函式為 setState)。

之後當我們如要修改 state 變數值時，都必須要使用這個回傳的函式，而不是直接指定新值給 state 變數。

為什麼修改 state 變數不是直接指定值，而是要用 React 提供的函式修改呢？

這是因為在呼叫 useState 提供的 setState 函式時，**React 會在執行 setState 的過程中去檢查有哪些和此 state 有關的地方需要一起被同步改變**。達成類似我們在第一章以原生 Javascript 實作 setNumber 的效果。

然而如果之後要透過 useState 使用 state 變數、呼叫 setState 時，都要用 **arr[0]**、**arr[1]()** 的形式，明顯和一般人開發使用的習慣是不同的。所以一般在開發時會運用 **Javascript 中的「解構賦值」語法來取得的 useState 回傳值**。

注意：開發上約定成俗會把第二個函式命名為 **set 變數名稱**。

```
const [isDisplay, setIsDisplay] = useState(false);
```

練習使用 useState

現在，讓我們來練習在以下的架構下，在 App.js 用 useState 和一個按鍵來讓 MenuItem 中間的文字隨機變化。

- src/index.js

```
import React from 'react';
import ReactDOM from 'react-dom';
import './index.css';
import App from './App';

ReactDOM.render(
  <App />,
  document.getElementById('root')
);
```

- src/App.js

```
import React from 'react';

import MenuItem from './component/MenuItem';

function App() {
    return (
        <div>
            <button>我是按鍵</button>
            <MenuItem> 在children中設定文字 </MenuItem>
        </div>
    );
}

export default App;
```

- src/component/MenuItem.js

```
import React from 'react';

function MenuItem(props) {
    return <li>{props.children}</li>;
}

export default MenuItem;
```

1. 在 App.js 引入 React 以及 useState

```
import React, { useState } from 'react';
```

2. 透過 useState 和解構賦值取出 state 變數和 setState 函式

```
import React, { useState } from 'react';

import MenuItem from './component/MenuItem';

function App() {
    // 加入此行
    const [text, setText] = useState('在children中設定文字');

    return (
        <div>
            <button>隨機設定MenuItem的文字</button>
            <MenuItem> 在children中設定文字 </MenuItem>
        </div>
    );
}

export default App;
```

3. 讓 MenuItem 的 children 變成 state 變數

```
import React, { useState } from 'react';

import MenuItem from './component/MenuItem';

function App() {
    const [text, setText] = useState('在children中設定文字');

    return (
        <div>
            <button>隨機設定MenuItem的文字</button>
            <MenuItem>{text}</MenuItem>
        </div>
    );
}

export default App;
```

4. 綁定 setState 函式 (以此範例而言是 setText) 到 button 的 onClick 上，給 setState 的參數是新的 state 值 (以此範例而言是 10 以內的隨機整數)

```
import React, { useState } from 'react';

import MenuItem from './component/MenuItem';

function App() {
    const [text, setText] = useState('在children中設定文字');

    return (
        <div>
            <button onClick={
                    () => setText(Math.floor(Math.random() * 10))
            }>
                隨機設定MenuItem的文字
            </button>
            <MenuItem>{text}</MenuItem>
        </div>
    );
}

export default App;
```

現在，當你點擊按鍵時，MenuItem 中的文字就會自動被改變。

請注意未來只要是任何希望在「某變數被改變時，希望 React 能做出對應改變」的時候，你都必須使用 state 變數。如下方程式碼就是把剛剛的範例改成使用一般 JS 變數，你會發現畫面並沒有隨著 onClick 觸發而被同步 / 改變。

```
import React, { useState } from 'react';

import MenuItem from './component/MenuItem';

function App() {
    // 如果是非state的一般JS變數，當變數被改變時，React並不會去更新DOM
    let text = '在children中設定文字';

    return (
        <div>
            <button onClick={() => {
                    text =Math.floor(Math.random() * 10)
                }
            }>
                隨機設定MenuItem的文字
            </button>
            <MenuItem>{text}</MenuItem>
        </div>
    );
}

export default App;
```

React hook 的其他使用規定

- 只能在 React function component 和 custom hook 作用域中呼叫 hook API。
- 只能在 function component 的最外層 scope 呼叫 hook API（也就是不能在迴圈、if-else、在 function scope 中宣告的巢狀 function 被定義使用。）

第二點是因為當每次元件重新渲染時，**React 都會呼叫 function component 的整個定義函式**。而前面提過，React hook 是用順序來記憶你使用的 React hook 對應的是在邏輯處理中心的哪個地方。如果今天你寫了：

```
const [isOpen,setIsOpen] = useState(true);
if(isOpen)
    const [data,setData] = useState(123);
const [str,setStr] = useState("");
```

假設某次 isOpen 變成 false，因為順序 2 的 const [data,setData] = useState (123) 沒有被呼叫到，在那一次渲染時 const [str,setStr] = useState("") 在元件中的順序會從 3 變成 2，React 就會以為 const [str,setStr] 要接收的是 const [data,setData] 要接收到的值，導致程式錯誤。

setState 不會馬上修改 state

如果你試了一下，會發現我們在呼叫 setState 函式時，state 並不會馬上被改變。但是有的時候我們就是希望在呼叫 setState 後做一些事情，這個時候要怎麼處理呢？

我們會在下一節來講解如何解決這個問題。

Ch 4-4. 生命週期與 useEffect

對於大部分的 GUI 框架，「改變 (渲染) 畫面」這個動作背後其實都有一套流程 (生命週期)。現在，我們就來了解 React 的運作流程，以及如何利用這套流程正確地撰寫 React 程式。

React的運作流程大致可以分成三個部份：「初始化」、「更新」、「移除」。

- **初始化 (第一次渲染時)：**

1. 建立、呼叫 function component
2. 建立 virtual DOM、更新 DOM
3. 渲染畫面

- **更新 (當偵測到 state、props 被改變時)：**

1. 重新呼叫 function component
2. 在 virtual DOM 比較所有和原始 DOM 不一樣的地方
3. 真正更新 DOM
4. 渲染畫面
5. 如果有修改 state 或 props，則再重複一次上述「更新」的生命週期

- **移除**

1. 移除元件

在這樣的運作流程下，一個需求便產生了：

「能不能針對特定時機點操作元件呢？」

大部份的時候，我們只希望在只在初始化或是只在某個變數改變時執行指定的事情 (例如： 需要向後端要資料時，一般只會希望在元件建立後呼叫一次就可以了)。但是，**React** 在執行「初始化」和「更新」的「重新呼叫 **function component**」時，一定會呼叫整個 **function component** 的定義函式，在沒有特別 API 的輔助下，我們無法限定 function component 的內部哪些要執行，哪些不要執行。另外，在「初始化」的「建立、呼叫 **function component**」的這一步，**return** 中的 **JSX** 元素還沒有真正的更新到 **DOM** 上，所以如果在這裡直接操作 **DOM** 就無法抓到對應的元素。

```
import React, { useState } from 'react';
import MenuItem from './component/MenuItem';

function App() {
    // 在沒有特別的API輔助下，無法限定FC內的statement指在某個時機呼叫
    // (ex: 只在初始化 or 只在某個變數改變時)

    // 例如，下面這一行在元件初始化/更新時都會被重新呼叫
    console.log('我被重新呼叫了');

    const [text, setText] = useState('在children中設定文字');

    return (
        <div>
            <button onClick={() => {
                    setText(Math.floor(Math.random() * 10));
                }
            }>
                隨機設定MenuItem的文字
            </button>
            <MenuItem>{text}</MenuItem>
        </div>
    );
}

export default App;
```

另外，在前一章我們提到 setState 函式在呼叫完後並不會馬上修改 state，而是要等到整個函式元件的定義域都執行完後才會修改 state。這也導致我們很難處理「特定 state、prop 被改變後，希望對應改變後的值要做的事情 (又稱為副作用)」。

useEffect - 在生命週期中操作副作用的 React hook

useEffect 就是用來解決上述兩個問題的 React hook。useEffect 也是一個函式，他接收兩個參數：

```
useEffect(() => {
    /* 建立 and 更新元件的副作用區 */

    return () => {
        /* 移除元件的副作用區 */

    };
}, []); /* 用來限制副作用要以哪些state和props作為觸發條件的array */
```

1. 先說明第二個參數，它接收一個 array，又稱為相依陣列 (dependencies)。這個 array 是用來限定「當哪些 state 和 props 被設定時」要觸發副作用。當陣列為空陣列，就代表只會在建立元件後觸發。若此參數未被賦予，則元件建立、每次更新後都會觸發副作用。
2. **回過來看第一個參數，其需要一個函式，在這個函式中我們會定義第二個參數 array 中有變數改變後「要執行的內容(又稱為副作用)」。** 比較特別的是這個函式的「回傳值」也是一個函式，這個回傳函式只會在元件移除前被呼叫。

而 React 開發者讓 useEffect 運作的方式是在剛剛介紹的流程中，加入了幾個步驟：

- **初始化(第一次渲染時)：**

1. 建立、呼叫 function component
2. 建立 virtual DOM、更新 DOM
3. 渲染畫面
4. 呼叫 **useEffect** 的副作用

- **更新(當偵測到 state、props 被改變時)：**

1. 重新呼叫 function component
2. 在 virtual DOM 比較所有和原始 DOM 不一樣的地方
3. 真正更新 DOM
4. 渲染畫面
5. **透過檢查 useEffect 中的 array，判斷該 useEffect 是否「和被改變的 state/props」有關係，有則呼叫該 useEffect 的副作用**
6. 如果有修改 state 或 props，則再重複一次上述「更新」的生命週期

- **移除**

1. 移除元件
2. 呼叫 **useEffect** 第一個參數回傳的清除函式

練習使用 useEffect

現在，讓我們接續上一章的程式碼，練習在以下的架構下，建立一個只在元件建立後執行一次的副作用，模擬向後端 call API(這邊以 ajaxSimulator 這個函式來代替) 並用回傳的資料來設定文字。

```
import React, { useState } from 'react';
import MenuItem from './component/MenuItem';

const ajaxSimulator = () => new Promise((resolve) => {
    setTimeout(() => {
        resolve('後端的資料', 2000);
    });
});

function App() {
    const [text, setText] = useState('在children中設定文字');

    return (
        <div>
            <button onClick={() => {
                    setText(Math.floor(Math.random() * 10));
                }
            }>
                隨機設定MenuItem的文字
            </button>
            <MenuItem>{text}</MenuItem>
        </div>
    );
}
```

1. 在 App.js 引入 useEffect

```
import React, { useState, useEffect } from 'react';
```

2. 在 function component 中呼叫 useEffect

```
import React, { useState, useEffect } from 'react';
import MenuItem from './component/MenuItem';

const ajaxSimulator = () => new Promise((resolve) => {
    setTimeout(() => {
        resolve('後端的資料', 2000);
    });
});

function App() {
    const [text, setText] = useState('在children中設定文字');

    useEffect(()=>{

    },[]);

    return (
        <div>
            <button onClick={() => {
                    setText(Math.floor(Math.random() * 10));
                }
            }>
                隨機設定MenuItem的文字
            </button>
            <MenuItem>{text}</MenuItem>
        </div>
    );
}
```

3. 定義副作用的內容

```
/* 以上省略 */

const ajaxSimulator = () => new Promise((resolve) => {
    setTimeout(() => {
        resolve('後端的資料', 2000);
    });
});

function App() {
    const [text, setText] = useState('在children中設定文字');

    useEffect(() => {
        ajaxSimulator().then((res) => {
            setText(res);
        });
    }, []);

    /* 以下省略 */
}
```

4. 定義副作用的那些 state/props 有關。在此範例中因為只有在元件建立後要呼叫，後續元件的更新都不需要重新觸發，所以第二個參數給空 array 就可以了

現在，當你重新執行程式，你會發現 MenuItem 中的文字在畫面出現 2 秒後被換為「後端的資料」。而且當你按下按鍵使 App 重新渲染時，useEffect 中的副作用並不會被重新觸發。

避免 useEffect 產生非預期的副作用

在使用 useEffect 時，請盡量避免在第一個參數的副作用定義區，使用「沒有被加入至第二個相依參數 array 的 state/props」，進而導致產生非預期的錯誤。

```
/* 以上省略 */

const ajaxSimulator = () => new Promise((resolve) => {
    setTimeout(() => {
        resolve('後端的資料', 2000);
    });
});

function App() {
    const [text, setText] = useState('在children中設定文字');

    // ------ 這是錯誤的用法 -----
    useEffect(() => {
        console.log(text); // 使用了text
    }, []); // 有用到text卻沒有把text加入dependency

    // ------ 這是正確的用法 -----
    useEffect(() => {
        console.log(text);
    }, [text]);

    /* 以下省略 */
}

export default App;
```

你也可以在 React 程式的進入點使用 React 提供的 React.StrictMode，來自動檢查是否有遺漏的相依 state/props。

```
import React from 'react';
import ReactDOM from 'react-dom';

import App from './App';

ReactDOM.render(
    <React.StrictMode>
        <App />
    </React.StrictMode>,
    document.getElementById('root')
);
```

當出現這種有遺漏的相依 state/props 時會在開發 server 的 terminal 跳警告：

```
Compiled with warnings.

React Hook useEffect has a missing dependency: 'text'. Either include it or
remove the dependency array
```

useEffect 的常見使用時機

除了執行 state、props 改變後的副作用外，useEffect 也常在以下情景使用：

- **向後端呼叫 api**

  因為通常只會呼叫一次，同時為了避免非同步事件堵塞 UI、降低使用者體驗，所以一般會先用一個「讀取圖示」表示資料尚未取得，並在建立元件後再呼叫 API，等待資料回傳後再將讀取圖示移除、顯示資料。

- **使用外部函式庫**

  由於 React 的 virtual DOM 運作模式不一定和外部套件相容，一般會在元件建立後才去呼叫不是為 React 打造的外部函式庫，避免兩者運作衝突。

- **在畫面載入時以 JS 動態操作 DOM、動畫**

  在「初始化」的「呼叫 function component」時，return 中的 JSX 元素還沒有真正的轉換成 html，更新到 DOM 上。所以如果在這裡直接操作 DOM 就無法抓到對應的元素。

- **addEventListenser、removeEventListenser**

  為了避免不必要的重複監聽，所以只在建立元件後呼叫 addEventListenser，並在 **useEffect 第一個參數的回傳值清除函數中呼叫 removeEventListenser。避免元件第二次再被載入時，因為第一次載入時的監聽未被清除，導致產生不必要的監聽。**

- **setInterval、clearInterval**

  為了避免不必要的重複 Interval，所以只在建立元件後呼叫 setInterval，並在第一個參數的回傳值清除函數中呼叫 clearInterval。

使用 useEffect 要注意的事情

- 任何 useEffect 都會在建立元件後被呼叫 (此點和 class component 的 componentDidUpdate 不同)。
- React 會希望 useEffect 的第一個參數中，有使用到的 state 和 props 都有在第二個 array 中，明確指出副作用與誰有關。如果沒加，React 會跳 warning。
- React 會先渲染畫面才去呼叫 useEffect，另外 useEffect 是非同步的，不會阻塞 UI。(主要是向後端呼叫 api 時要注意)。

- useEffect 本身並不是設計用來做「取得後端資料」的。「向後端呼叫 api」這件事情，官方希望未來某天改用 Suspense 這個 API 來做，詳請情參考官方說明 https：//zh-hant.reactjs.org/docs/concurrent-mode-suspense.html。

Ch 4-5. React 的輸入元素事件

React 在輸入元素的處理上有一些比較特別的地方，先前範例中已經使用過 onClick()，這篇我們會一次介紹所有常見的輸入元素。

現在，我們創建一個新的檔案 LoginForm.js，並在裡面宣告、輸出同名的 function component，並在 App.js 使用。

```
import React from "react";

function LoginForm(){
    return (

    );
};

export default LoginForm;
```

onClick

React 中的輸入事件都是用原生 DOM API 傳入的 event(常簡寫為 e) 去處理。event.target 是被點擊的對象，event.target.value 則是被點擊對象的 value。

```
import React from 'react';

function LoginForm() {
    return (
        <button
            value="button的value值"
            onClick={(event) => {
                console.log(event.target.value);
            }}
        ></button>
    );
}

export default LoginForm;
```

input/text 與 onChange

<input/> 取得輸入值的方法不是 onClick，而是 onChange。但是在綁定的方法和 onClick 一模一樣，通常會這樣搭配 setState 取得輸入值：

```
<input type="text" onChange={(e)=>{ /* 用e.target.value去setState */ }} />
```

現在，請利用 useState 在 LoginForm.js 建立一個名為 Account 的 state，初始值為空字串。引入部份不再多提。

```
import React, { useState } from 'react';

function LoginForm() {
    const [account, setAccount] = useState('');

    return (

    );
}

export default LoginForm;
```

接著，在 return 值中加入 text type 的 <input/>，並綁定 setAccount，丟入 e.target.value。

```
<input type="text" onChange={(e)=>{ setAccount(e.target.value) }}/>
```

最後我們在 return 值那邊加入一行用來觀察輸入值的 <div>。

```
import React, { useState } from 'react';
function LoginForm() {
    const [account, setAccount] = useState('');

    return (
        <div>
            <input
                type="text"
                onChange={(e) => {
                    setAccount(e.target.value);
                }}
            />
            <div>目前account:{account}</div>
        </div>
    );
}
```

用 defaultValue 給予初始值

以前在使用原生 html 時，如果我們要讓 input 有初始值，是像這樣直接在 value 中賦予：

```
<input type="text" value="account" />
```

然而在 JSX 的 input 中 value 的定義並不是「初始值」，初始值是用另外一個屬性 - defaultValue 來設定。現在，我們先給我們的 account 一個初始值 " 快來輸入我 "：

```
const [account, setAccount] = useState('快來輸入我');
```

接著你重新整理網頁，發現只有下面顯示目前 account 值的 <div> 初始值被改變。

目前account:快來輸入我

這是因為我們還沒有綁定 defaultValue。將 state 綁定至 defaultValue 後，初始值就會正常顯示 state 的初始值：

```
import React, { useState } from 'react';

function LoginForm() {
    const [account, setAccount] = useState('快來輸入我');

    return (
        <div>
            <input
                type="text"
                defaultValue={account}
                onChange={(e) => {
                    setAccount(e.target.value);
                }}
            />
            <div>目前account:{account}</div>
        </div>
    );
}

export default LoginForm;
```

value、state、控制組件

那 value 被拿去幹嘛了呢？為什麼還要多一個 defaultValue ？

value 在 JSX 中是「目前 input 中的值」的意思。這樣講可能不易理解，所以請讀者來看以下這個範例。我們很常遇到一個狀況：在不移除 input 時，需要在程式中的其他地方改變 input 值 (例如：當使用者輸入不合規定，清空 input 內容)。 現在，我們在最底下再新增一個 button 來模擬這個狀況。

```
import React, { useState } from 'react';

function LoginForm() {
    const [account, setAccount] = useState('快來輸入我');

    return (
        <div>
            <input
                type="text"
                defaultValue={account}
                onChange={(e) => {
                    setAccount(e.target.value);
                }}
            />
            <div>目前account:{account}</div>
            <button
                onClick={() => {
                    setAccount('');
                }}
            >
                用按鍵取得新的account
            </button>
        </div>
    );
}
export default LoginForm;
```

執行看看，你會發現 input 中的值並沒有跟著 account 一起被清空。這是因為 defaultValue 只是初始值，元件被建立後它就不會影響輸入值。而 **onChange 只有在使用者改變 input 時才會觸發，和它用來改變的 state 無關**。

如果你希望「input 中的值只在一開始受 state 影響」，就要用該 state 去綁定 defaultValue；相反的，如果你希望「input 中的值始終跟著 state」，就要用該 state 去綁定 value。「input 中的值始終跟著 state，state 的值也隨 input 值改變而更動。」這樣的狀況我們會稱為控制組件 (or 受控組件)：

```
import React, { useState } from 'react';

function LoginForm() {
    const [account, setAccount] = useState('快來輸入我');

    return (
        <div>
            <input
                type="text"
                defaultValue={account}
                value={account}
                onChange={(e) => {
                    setAccount(e.target.value);
                }}
            />
            <div>目前account:{account}</div>
            <button
                onClick={() => {
                    setAccount('');
                }}
            >
                用按鍵取得新的account
            </button>
        </div>
    );
}
export default LoginForm;
```

接著在這個例子我們就可以把 defaultValue 移除了。因為 value 會始終跟著我們的 state，且這個例子中 state 一開始就有給定初始值，所以 defaultValue 有沒有都一樣。

disabled - 把 input 關起來

如果你要讓 input 暫時不能更動，可以透過 disabled 這個 props 來控制：

```
<input
    type="text"
    disabled={true}
    defaultValue={account}
    onChange={(e) => {
        setAccount(e.target.value);
    }}
/>
```

快來輸入我

目前account:快來輸入我

如果綁了 state 在 value 上而沒有綁 onChange ？

在這個狀況下，input 會鎖死變成無法修改的狀態。你只能透過在從其他地方更改該 state 來修改 input 中的值。

textarea

<textarea></textarea> 和 <input type="text"/> 的用法是一模一樣的。

```
<textarea value={account} onChange={(e)=>{ setAccount(e.target.value) }}/>
```

select

select 和 option 是要在 select 中設定 value、onChange、defaultValue。特別的地方是當 **value**、**defaultValue** 的值被指定為不是存在任一 **option** 中的值時，就不會顯示該值，而是顯示第一個 **option** 的值。

```
import React, { useState } from 'react';

function LoginForm() {
    const [nowSelect, setNowSelect] = useState('789');

    return (
        <div>
            <select
                value={nowSelect}
                onChange={(e) => {
                    setNowSelect(e.target.value);
                }}
            >
                <option value="123">123</option>
                <option value="456">456</option>
            </select>
            <div>目前select:{nowSelect}</div>
            <button
```

```
                onClick={(e) => {
                    setNowSelect('789');
                }}
            >
                改變為789
            </button>
        </div>
    );
}

export default LoginForm;
```

另外，你也可以在 option 透過 selected 這個 props 來控制預選取的 option，但是當 select 標籤有設定 value 或 defaultValue 時，以 select 標籤的設定值為主。

```
<select onChange={(e)=>{ setNowSelect(e.target.value) }}>
    <option value="123">123</option>
    <option selected={true} value="456" >456</option>
</select>
```

選取 input、核取 input

這兩個比較特別，它們是用 checked 這個 props 去控制是否被選取。

```
import React, { useState } from 'react';

function LoginForm() {
    const [check, setCheck] = useState(false);

    return (
        <div>
            <input
                type="radio"
                value="123"
                checked={check}
                onChange={(e) => {
                    setCheck(true);
                }}
            />
            123
            <br />
```

```
            <input
                type="radio"
                value="456"
                checked={!check}
                onChange={(e) => {
                    setCheck(false);
                }}
            />
            456
        </div>
    );
}

export default LoginForm;
```

因為 checked 是用布林值去控制，我們如果要取得 value 值，用「比較是否和 value 相同」的方式來設定會比較方便，就不需要多用一個 state 去存目前的 value。

```
import React, { useState } from 'react';

function LoginForm() {
    const [check, setCheck] = useState('789');

    return (
        <div>
            <input
                type="radio"
                value="123"
                checked={check === '123'}
                onChange={(e) => {
                    setCheck('123');
                }}
            />
            123
            <br />
            <input
                type="radio"
                value="456"
                checked={check === '456'}
                onChange={(e) => {
                    setCheck('456');
                }}
            />
            456
        </div>
    );
}

export default LoginForm;
```

form & submit

form 的 submit 要觸發的事件是用 onSubmit 去綁定函式。

```
<form onSubmit={handleSubmit}>
    <input type="submit" value="Submit" />
</form>
```

和 useEffect 搭配時容易發生的錯誤使用

如果你想要在 useEffect 中去設定初始 input 值 (一般發生在用 fetch 去取得該資料)，那麼你不該使用 **defaultValue** 來設定。以下是用 useEffect+ defaultValue 的狀況：

```
import React, { useState, useEffect } from 'react';

function LoginForm() {
    const [account, setAccount] = useState('快來輸入我');

    useEffect(() => {
        setTimeout(() => {
            setAccount('模擬用fetch拿到的資料');
        }, 2000);
    }, []);

    return (
        <div>
            <input
                type="text"
                defaultValue={account}
                onChange={(e) => {
                    setAccount(e.target.value);
                }}
            />
            <div>目前account:{account}</div>
        </div>
    );
}

export default LoginForm;
```

你會發現 input 值並沒有跟隨後端給予的值。這是因為 defaultValue 在第一次 render 前就決定了。也就是用 state 綁定 defaultValue 的整個流程為：

1. 在建立元件前決定 state 初始值
2. 在建立元件時決定 defaultValue 值
3. 渲染畫面
4. 執行 useEffect，在其中改變 state 值
5. defaultValue 值不變

因為在 useEffect 中設定 state 等同於我們在非 input 處修改 state 的狀況，所以如果你要讓 input 值等同從後端取得的值，應該要用 value 來綁定。

Ch 4-6. 非控制組件與 useRef / forwardRef

當程式大起來，網頁中的元素很多，當想要用原始 DOM api 去操作元素時，卻還要用 document.querySelector 或是 document.getElementById 去整個網頁找，就顯得很不直覺。

reference 和非控制組件的關係

reference，中文翻譯是「參考」。在程式中一般是指「變數指向的記憶體位置上對應到的值」。簡單來說可以想像成是房子跟地址的關係。記憶體就像是地址，變數對應的值就像是房子，「沿著地址找到房子」這個過程就是 reference。房子本身可能會有很多內部變動，但不管房子內部怎麼變，從同地址找到的都是同一棟房子。

在 Javascript 變數中，物件和 Array 一般會是以類似 reference 的方式來傳遞，其他的變數通常會複製一份後，把複製出的那一份拿來傳遞。

> 能不能直接在 JSX 中取得 HTML 元素的 reference，像過去一樣直接操作元素本身呢 ？

理想上我們希望能直接用一個變數去綁在元素的 props 上，然後就能讓該變數等於綁定 HTML 元素的 reference。大概上的概念如下 (僅示意，實際上不能直接這樣做)：

```
import React from 'react';

function LoginForm() {
    let accountRef = {};
    let passwordRef = {};

    return (
        <div>
            <input
                type="text"
                name="account"
                ref={accountRef}
            />
            <input
                type="text"
                name="account"
                ref={passwordRef}
            />
            <button
                onClick={() => {
                    console.log(
                      `${accountRef.name} is ${accountRef.value}`
                    );
                    console.log(
                      `${passwordRef.name} is ${passwordRef.value}`
                    );
                }}
            >
                提交
            </button>
        </div>
    );
}
export default LoginForm;
```

過去，React 在 class component 中的確有提供 React.createRef() 這個 API，來創造一個可以讓你綁在 ref 這個 **props** 上的 object 變數。讓你能直接拿到該元素本身、直接用原始 DOM 方式操作元素。

但是這個 API 如果直接拿到 function component 來用會有問題。原因是 React.createRef() 通常只會在 class component 的建構子呼叫一次，這樣就能確保這個創造出來的 reference 指向的是同一個地址。然而 **function component 沒有建構子，每次都一定會重新呼叫整個 function component 的定義域，這樣等於每次都會重新創造一次這個 object 變數，賦予值被重新初始化，指向的 reference 也會不一樣了。**

為了解決這個問題，React 提供了另一個 React hook - useRef。

useRef

useRef 是一個函式，跟 useState 一樣接收一個參數，作為變數初始值。差別是 useRef 回傳的是一個物件，裡面只有一個屬性 current：

```
const data = useRef('初始資料');
console.log(data);

// { current: "初始資料" }
```

React 會確保 useRef 回傳出來的這個物件，不會因為 React 元件更新而被重新創造。也就是說在你初始化過後，這個物件會始終指向同一個 reference。

請注意雖然物件本身指向位置一樣，但如果你重新 assign 物件中 current 屬性裡面的值，那 current 對應的 value 指向的東西就會不一樣。也就是說剛剛的「理想」只要引入 useRef 後，只要先創造要綁在 input 的 propsref 上的變數，綁定之後，變數名稱 .current 就會是該 input 元素本身，我們就能用以前習慣原生 DOM 的方式操作 DOM 元素了！

```
// 引入useRef
import React, { useRef } from 'react';

function LoginForm() {
    // 建立用來綁定input的變數
    const accountRef = useRef(undefined);
    const passwordRef = useRef(undefined);

    return (
        // 將剛剛建立的變數綁在對應的位置
        <div>
            <input type="text" name="account" ref={accountRef} />
            <input type="text" name="account" ref={passwordRef} />
            <button
                onClick={() => {
                    console.log(
                 `${accountRef.current.name} is ${accountRef.current.value}`
                    );
                    console.log(
                `${passwordRef.current.name} is ${passwordRef.current.value}`
                    );
                }}
            >
                提交
            </button>
        </div>
    );
}
export default LoginForm;
```

useRef 的應用

由於 useRef「不會因為 update 元件而被改變 reference」的特性，讓其常被用在這些地方：

- **以原生方式操作 DOM 元素**
- **counter 變數**

  如果用一般變數來當 counter，元件被 update 的時候又會被重新初始化，就無法達到計數的效果。而之所以不用 state 作為 counter，是因為 state 被改變時元件會被重新更新一次，可能會產生不必要的計數、或是非預期的遞迴行為。

- **addEventListener(removeEventListenser)、setTimeout (clearITimeout)、setInterval (clearInterval)**。

  因為要 reference 一樣才能正常移除函式，所以可以使用 useRef 處理。但這件事在 callback 函式不需要和 state/props 有關時，也可以用 useCallback 處理 (本書後面會介紹)。雖然沒有特別規定，不過有些開發者會認為 useCallback 在閱讀時會更直覺聯想到是函式。但是如果你的 callback 函式需要和 state/props 有關時，就要用 useEffect 搭配 useRef 適時重新監聽函式。

- **避免 useEffect** 在建立元素時被執行

  也就是某些情況下，因為只會希望元件 update 時才有 side Effect，所以需要一個變數來記憶是否為第一次渲染。而這裡之所以不用 state 變數也是和 counter 相同的原因。

```
const mounted = useRef(false);

useEffect(() => {
    if (mounted.current === false) {
        mounted.current = true;
        /* 第一次渲染後 */

    } else {
        /* 元件更新後 */

    }
    return () => {
        /* 元件移除前 */

    };
}, [dependencies參數]);
```

forwardRef – 讓 ref 也能取得自製元件的 reference

剛剛介紹的以 **useRef** 綁定 **ref** 雖然能夠取得原生 **HTML** 元素的 **reference**，但是對於自製元件就不行了。例如，如果現在我們想在 App.js 取得在前面幾章中製作的 MenuItem 的 reference。並且在 text 這個 state 被改變時檢查 MenuItem 中的文字是否跟 text 一樣。依照前一章的做法會是這樣寫：

```
import React, { useState, useEffect, useRef } from 'react';
import MenuItem from './component/MenuItem';

function App() {
    const [text, setText] = useState('在children中設定文字');
    const menuItemRef = useRef(undefined);

    useEffect(() => {
        if (menuItemRef.current) { //避免非預期錯誤
            console.log(`text的值是: ${text}`);
            console.log(
              `menuItem的文字是: ${menuItemRef.current.textContent}`
            );
        }
    }, [text, menuItemRef]);

    return (
        <div>
            <button onClick={() => {
                setText(Math.floor(Math.random() * 10))
            }}>
                隨機設定MenuItem的文字
            </button>
            <MenuItem ref={menuItemRef}>{text}</MenuItem>
        </div>
    );
}

export default App;
```

然而實際運作，你會發現 ref 並沒有正確的運作，並且會跳出以下錯誤訊息：

```
Warning: function components cannot be given refs. attempts to access this
ref will fail
```

React 為了讓自製元件也能接收 ref，提供了一個特殊的中介層的 HOC(High Order Component)：**forwardRef**。

HOC (High Order Component)

High Order Component 並不是一個元件的類別，它是一種特別的設計觀念：

「 用來加工 **Component** 的 **function** 」

意思是說，這類的函式的作用就是讓你把 Component 傳進去給它，它會幫你加工成一個新的 Component。

```
const ComponentNew = aHOCFunc(ComponentOld);
```

forwardRef 的語法

forwardRef 和 React hook 一樣可以從 react 中透過解構賦值引入。

```
import React, { forwardRef } from 'react';
```

forwardRef 是一個 HOC，它的回傳值就是將一般 React Component 加工後，轉變成可以傳入 ref 的元件。我們只要把過去 function component 的定義域傳入其參數，並變數去承接 forwardRef 的回傳值，就會能用和過去一樣的方法使用元件。**和一般的 function component 唯一的差別是，forwardRef 傳入的參數除了 props 外，還多了第二個參數 ref**，讓你可以把這個參數放置在「希望使用此元件的人用 ref 對應到的實際元素」。

```
const CustomComponent = forwardRef((props, ref) => {
    /* 元件定義域 */
});
```

以前幾章中我們自製的 MenuItem 為例：

```
import React from 'react';

function MenuItem(props) {
    return <li>{props.children}</li>;
}

export default MenuItem;
```

如果我們希望可以在父元素 App 用 ref 操作 MenuItem。則必須：

1. 把原先的定義域移至 forwardRef 中
2. 捨棄函數形式宣告，改以變數形式去承接 forwardRef 加工後的元件
3. 把 forwardRef 提供的第二個參數 ref 放置在 li 上

```
import React, { forwardRef } from 'react';

const MenuItem = forwardRef((props, ref) => {
    return <li ref={ref}>{props.children}</li>;
});

export default MenuItem;
```

此時，我們就能在父元素 App 用 ref 操作 MenuItem。

```
<MenuItem ref={menuItemRef}>{text}</MenuItem>
```

綁在 MenuItem 的 ref 就會自動對應到 MenuItem 裡面的 li 元素。

Ch 4-7. Custom hook

在一開始介紹 React 的時候，我們曾經說過以前 React 有個問題：

「當要使用 React 的特有功能時，大部份的時候都要做一個元件出來。但有的時候我們並不是要創造元件，而只是要使用 React 的一兩個特性，卻沒辦法用更直覺、簡單的模組化方式。 又或著只是一個很簡單的元件，卻因為要遵循 ES6 class 的語法而讓架構看起來很複雜。」

這是怎麼回事呢？ 我們來看下面這個例子。

滑鼠位置監聽器的實現 (沒有 Custom hook)

過去，如果我們要實作一個多個地方都會使用到的「滑鼠 Y 位置監聽器」模組，由於要使用：

- state： 來讓元件能因為滑鼠 Y 位置的改變，而做對應的更新。
- useEffect：在元件載入時監聽 mousemove，元件移除時移除監聽事件，避免重複監聽。
- useRef (或是第 8 章會介紹的 useCallback)： 避免 function component 重複定義函式。

所以我們必須一定要使用 **React component**，不然這些 **React component API** 會不能使用。實作起來的程式碼長這樣：

```
import React, { useState, useEffect, useRef } from 'react';

function MouseYListener(props){
    const [mousePosY, setMousePosY] = useState(0);

    // 必須利用useRef提供的ref不會變的性質，
    // 讓removeListenser能夠正確的清除監聽函式
    const mouseListener = useRef((event)=>{
        setMousePosY(event.pageY);
    });

    useEffect(() => {
        const callback = mouseListener.current;

        // 元件建立後建立監聽
        window.addEventListener('mousemove', callback);
        return () => {
```

```
            // 元件移除時清除監聽
            window.removeEventListener('mousemove', callback);
        };
    }, []);

    // 呼叫props函式，讓使用它的父元件可以得到mousePosY
    useEffect(()=>{
        // 確保有綁handleMouseMove在props上
        if(props.handleMouseMove)
            props.handleMouseMove(mousePosY);
    },[mousePosY])

    return <></>;
}

export default MouseYListener;
```

然後在父元件，我們就要這樣用 MouseYListener：

```
function ParentComponent(){
    const [mouseYPos,setMouseYPos] = useState(0);
    return
        <>
            <OtherComponent mouseYPos={mouseYPos}/>
            <MouseYListener handleMouseMove={setMouseYPos}/>
        </>
}
```

但是我們的 **MouseYListener** 明明沒有渲染任何 **DOM** 元素，卻要以標籤形式寫在程式碼中。而且我們還要在 **ParentComponent** 多寫一個 **state**、**setState**。

這樣的寫法不但不直覺，也容易讓程式碼變的肥大 (在過去因為只能使用 class component，此狀況會比上面這個 case 更嚴重)。

Custom hook

Custom hook 的出現解決了這個問題。它的語法相當的簡單。

- 必須是函式
- 可以在裡面使用 React hook

- 使用的規則和 React hook 相同 (如：只能在 function component 呼叫)
- 名稱必須是以 use 開頭。**請注意這不是約定成俗**

React 會去檢查以 use 開頭的函式中，所使用的 hook 是不是有違反 hook 的語法。如果沒有以 use 開頭，React 就無法確認非 React component 的函式裡面是否有 hook。

你可以用 Custom hook 把 React component 特性模組化。當你在不同的 React function component 中引用時，每一個 function component 中的 Custom hook 會獨立運作、不受彼此影響，而且你不用重複撰寫 Custom hook 的定義、也不用回傳 JSX。

滑鼠位置監聽器的實現 (有 Custom hook)

現在，請在 src 底下新增一個資料夾 util，並創建一個 useMouseY.js。接著，把剛剛 MouseYListener 的程式碼複製過來，並且做以下更動：

- 把函式名稱改成 useMouseY
- 不需要引入 React，只需要引入 React hook
  因為 custom hook 不是 React component
- 把 mousePosY 直接從函式 return 出去
- 不需要用 props 接收 handleMouseMove
  因為 mousePosY 已經從函式 return 出去了
- 不需要用一個 useEffect 來讓父元件得到 mousePosY
  因為 mousePosY 已經從函式 return 出去了

更動完的程式碼會長這樣：

- src/util/useMouseY.js

```
// 請注意由於回傳值不再是JSX，這裡就不需要引入React
import { useState, useEffect, useRef } from 'react';

function useMouseY() {
    const [mousePosY, setMousePosY] = useState(0);

    const mouseListener = useRef((event) => {
            setMousePosY(event.pageY);
    });

    useEffect(() => {
        const callback = mouseListener.current;
        window.addEventListener('mousemove', callback);
        return () => {
            window.removeEventListener('mousemove', callback);
        };
    }, []);

    return mousePosY;
}

export default useMouseY;
```

接著，我們就能在其他地方引用，例如在 src/page/MenuPage 中：

```
import useMouseY from '../util/useMouseY';
```

直接接收回傳值即可。

```
function App() {
    const [text, setText] = useState('在children中設定文字');

    // 呼叫useMouseY並接收回傳值
    const mousePosY = useMouseY();
```

你可以用 useEffect 印出來看看：

- src/page/MenuPage.js

```
import React, { useState, useEffect } from 'react';
import MenuItem from './component/MenuItem';

// 引入剛剛做好的useMouseY
import useMouseY from '../util/useMouseY';

function App() {
    const [text, setText] = useState('在children中設定文字');

    // 呼叫useMouseY並接收回傳值
    const mousePosY = useMouseY();

    // 用useEffect來看custom hook有沒有正常運作吧!
    useEffect(() => {
        console.log(mousePosY);
    }, [mousePosY]);

    return (
        <div>
            <button onClick={() => {
                setText(Math.floor(Math.random() * 10))
          }}>
                隨機設定MenuItem的文字
            </button>
            <MenuItem>{text}</MenuItem>
        </div>
    );
}

export default App;
```

小結

Custom hook 讓 React 程式模組化變的更加直覺，**這也是 React 社群這兩年強烈推薦捨棄 class component 的原因之一**。許多第三方插件也利用 Custom hook 打造出了相容 React function component 的 API。

當你在多個 Component 都有**使用到相同的 React 邏輯**、或是有**複雜的純資料流運算**時，就應該要把其拆出來做成 custom hook。甚至如果在專案架構設計階段就能考量進去，未來的開發過程會順暢許多、程式碼也會更漂亮。

Ch 4-8. React 程式的分頁：react -router-dom

在過去，當我們要製作「分頁」時，多半是新增一個靜態 HTML 檔，讓 web server 根據檔案路徑去尋找，或是透過後端程式碼去定義什麼 url 要對應到哪個 HTML 檔。這種方式我們稱為**伺服器渲染 (SSR)**，然而這卻也產生了一個問題。

即使頁面中大多是固定的 Layout，但換頁的時候，因為是拜訪新檔案，整個頁面都要刷新。

為了解決這個問題，工程師決定也用 Javascript 去創造前端路由控制器。換頁的時候，只用 JS 去改變不一樣的地方。這樣的網頁程式換頁時不需要整頁都刷新，使用起來跟 APP 很像，因此又稱為 **Single Page Application(SPA，單頁式網頁應用)**。也因為大多統一成一個 JS 檔並改在瀏覽器製造頁面，這樣的方式也稱為**客戶端渲染 (CSR)**。

React-router-dom 就是在 React 達成前端路由的插件之一。他是基於 React-router 這個核心製作，衍伸的家族還有在 react-native 使用的 react-router-native。

前置作業 - 製作分頁

這裡我們的 MenuItem.js 會依照 Ch 4-3 的程式，LoginForm.js 會依照 Day.15 的程式。然後我們要新增 src/routes 資料夾，並在裡面製作兩個用來當作分頁的頁面：

- src//routes /MenuPage.js

```
import React, { useState } from 'react';
import MenuItem from './component/MenuItem';

function MenuPage() {
    const [text, setText] = useState('在children中設定文字');

    return (
        <div>
            <button
                onClick={() => {
                    setText(Math.floor(Math.random() * 10));
                }}
            >
                隨機設定MenuItem的文字
            </button>
            <MenuItem>{text}</MenuItem>
        </div>
    );
}

export default MenuPage;
```

- src//routes /FormPage.js

```
import React from 'react';

import LoginForm from '../component/LoginForm';

function FormPage() {
    return <LoginForm />;
}

export default FormPage;
```

接下來，我們會嘗試在 src/index.js 來控制並創造控制分頁的路由。

環境設定

請打開 terminal，並輸入：

```
npm i react-router-dom
```

安裝完畢後，進入 src/app.js，在開頭引入：

```
import React from 'react';
import { HashRouter, Route, Switch, Link } from "react-router-dom";

// 個別頁面元件
import MenuPage from "./routes/MenuPage";
import FormPage from "./routes/FormPage";
```

其中這一行會是所有我們要用到的元件：

```
import { HashRouter, Route, Switch, Link } from "react-router-dom";
```

HashRouter

路由器的英文是 Router，但為甚麼這裡要加一個 Hash 呢？ 這是因為如果我們要從前端去判斷當前的url是什麼，必須要在根路徑最後方加入一個 #。JS 才能從 # 後方的字串去判斷。

當然，React-router-dom 也有提供不會有 # 的 BrowserRouter。但這個會需要後端的配合，我們目前只有純前端檔案就先用 HashRouter。

現在，請在 src/app.js 創造一個元件 App，讓 React 程式統一從這個元件渲染。並在裡面先加入 <HashRouter></HashRouter>。

```
import React from 'react';
import { HashRouter, Route, Switch, Link } from "react-router-dom";

import MenuPage from "./routes/MenuPage";
import FormPage from "./routes/FormPage";

function App() {
    return (
        <HashRouter>

        </HashRouter>
    );
}

export default App;
```

Switch

Switch 這個元件是用來正確地判斷路由應該對應到誰。我們一樣在 src/app.js 裡面加入 <Switch></Switch>。

```
import React from 'react';
import { HashRouter, Route, Switch, Link } from "react-router-dom";

import MenuPage from "./routes/MenuPage";
import FormPage from "./routes/FormPage";

function App() {
    return (
        <HashRouter>
            <Switch>

            </Switch>
        </HashRouter>
    );
}

export default App;
```

Route

Route 就是用來設定分頁的元件，用 path 這個 props 來設定 url 字串，它的使用方法有兩種：

- 第一種方式，FormPage 會被轉為 React.creactElement

```
<Route path="/form" component={FormPage}/>
```

- 第二種方式，用函式回傳 React 元件

```
<Route path="/form" render={( )=>{ return( <FormPage/> )}}/>
```

平常會用第一種方式，但如果你想要在分頁元件上綁 props，就要用第二種。

現在，把我們的分頁元件用 Route 加進 App 中：

```
import React from 'react';
import { HashRouter, Route, Switch, Link } from 'react-router-dom';

import MenuPage from './routes/MenuPage';
import FormPage from './routes/FormPage';

function App( ) {
    return (
        <HashRouter>
            <Switch>
                <Route exact path="/" component={MenuPage} />
                <Route path="/form" component={FormPage} />
            </Switch>
        </HashRouter>
    );
}

export default App;
```

為什麼這裡 <Route exact={true} path="/" component={MenuPage}/> 要加上 exact={true} 呢？ 這是因為 path="/form" 當中也有包含 /。React router dom 在檢查路由時是依照順序的，如果今天用戶拜訪了 path="/form"，React router dom 會在檢查 <Route path="/" component={MenuPage}/> 時就認定包含 / 路由，所以顯示 MenuPage。

exact 這個 props 就是用來限定路由一定要完全跟 path 一模一樣才顯示。因為是布林值，你也可以只寫名字不給值。

這樣就完成了分頁。

固定 Layout

然而這樣並沒有顯示出 SPA 的感覺。所以現在我們來做一個固定的導覽列。請在 src/index.js 上方新增一個 Layout 元件：

```
import React from 'react';
import { HashRouter, Route, Switch, Link } from 'react-router-dom';

import MenuPage from './routes/MenuPage';
import FormPage from './routes/FormPage';

function Layout (props){
    return(


    );
}

function App() {
    return (
        <HashRouter>
            <Switch>
                <Route exact path="/" component={MenuPage} />
                <Route path="/form" component={FormPage} />
            </Switch>
        </HashRouter>
    );
}

export default App;
```

然後在 App 中使用 Layout 把所有 Route 包起來：

```
function App() {
    return (
        <HashRouter>
            <Switch>
                <Layout>
                    <Route exact path="/" component={MenuPage} />
                    <Route path="/form" component={FormPage} />
                </Layout>
            </Switch>
        </HashRouter>
    );
}
```

然後我們就能在 Layout 中以 props.children 來顯示對應的 Route。

```
function Layout (props){
    return(
        <>{props.children}</>
    );
}
```

但是目前我們還缺少了前往分頁的導覽列，請在 Layout 中新增 <nav>。

```
function Layout(props) {
    return (
        <>
            <nav>

            </nav>
            {props.children}
        </>
    );
}
```

接下來就是要加入超連結了。

Link

一般講到超連結，我們會聯想到 <a href="/ 路徑 ">，但這裡我們要使用的是 React-router-dom 提供的原件 <Link>。

為什麼要特別多弄一個元件呢？

這是因為 <a href="/ 路徑 "> 是預設導向主 domain/ 路徑，當我們今天使用的是 subdomain 或是像 hash router 這種東西時，就要自己把 subdomain 或是 # 補進去，像是 <a href="/#/ 路徑 ">。這樣當我們今天專案部屬環境不同時就很容易出錯。

Link 這個元件就會方便我們導向 / 統一管理要導向的路徑。它的語法是：

```
<Link to="路徑"></Link>
```

現在，我們在開頭引入 Link 這個元素，並使用在 <nav></nav> 中。現在，當你利用畫面上方的連結切換頁面時，你會發現只有下方內容的部分有被刷新，上方導覽連結的地方則不會。

```
import React from 'react';
import { HashRouter, Route, Switch, Link } from 'react-router-dom';

import MenuPage from './routes/MenuPage';
import FormPage from './routes/FormPage';

function Layout(props) {
    return (
        <>
            <nav>
                <Link to="/">點我連到第一頁</Link>
                <Link to="/form" style={{ marginLeft: '20px' }}>
                    點我連到第二頁
```

```
                </Link>
            </nav>
            {props.children}
        </>
    );
}

function App() {
    return (
        <HashRouter>
            <Switch>
                <Layout>
                    <Route exact path="/" component={MenuPage} />
                    <Route path="/form" component={FormPage} />
                </Layout>
            </Switch>
        </HashRouter>
    );
}

export default App;
```

CSR 的衍伸問題

CSR 延伸的問題是因為程式碼都用 JS 處理，導致 SEO 的時候只會抓到原本 html 中空的 <div id="root"></div>。為了解決這個問題，衍伸出了在後端製作 React 網頁 (SSR) 的方法。可以搜尋 Next.js 以了解相關更多資訊。

小結

React-router-dom 還有提供 url 參數、歷史紀錄、控制路由的相關 api、hook，讀者可以參考官方文件，根據自己的需求引入。

https：//reactrouter.com/web/api/Hooks/useparams

Ch 4-9. useContext - 多層 component 間的 state 管理與傳遞

在前面，我們提到可以透過 props，來讓父層級的元件傳遞資料給下一層級的元件。但是當今天是下兩層、下三層、甚至是子對父、同層級元件需要傳遞資料呢？

舉例來說，假設在上一章的的範例裡，我們又希望能夠在 Layout 中顯示目前 LoginForm 輸入的 account 內容。但是，現在兩個元件是透過 router 連接，關係很複雜，不能直接傳遞 state 和 setState，應該要怎麼做呢？

```
function Layout(props) {
    return (
        <>
            <nav>
                <Link to="/">點我連到第一頁</Link>
                <Link to="/form" style={{ marginLeft: '20px' }}>
                    點我連到第二頁
                </Link>
                <span>目前登入帳號: {/* 這裡應該要顯示帳號的值 */}</span>
            </nav>
        </>
    );
}
```

有沒有一個全局的 state 和 setState 可以讓頁面中所有的元件共同操作呢？

在這樣的情境下，Global State 的概念就誕生了。

Context API - React 的 Global 資料

Global 的概念就像是住宅大廈的公共設施，它不單獨屬於任何一個人，也能夠被任何人取用。以圖示而言，原本如果我們要在元件之間溝通，溝通的路徑只能像是下圖左側一層一層傳遞。但是有了 Global state(以 React 的 Context 為例)，就能像右圖一樣，除了子父之間以外，任何層級元件之間都能透過 Context 直接跨層級溝通。

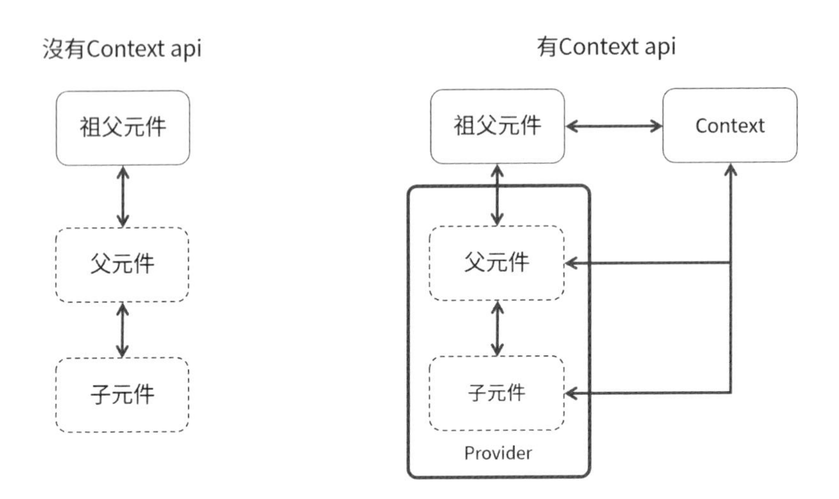

React 內建提供了一個實作 Global 資料的方法，稱作 Context API。使用方法是使用：

```
React.createContext(Context初始值);
```

現在，請創建 src/context 資料夾，並創立一個檔案 LoginContext.js，在其中定義 LoginContext，其初始值為一個物件，裡面一次包好等等要用的 accountContext 和 accountContext。

```
import React from 'react';

export const LoginContext = React.createContext({
    accountContext: '',
    setAccountContext: () => {},
});
```

Provider - 提供 Context

React 要如何把 Context 隔空提供給各個元件使用呢？答案是用一個叫做 <Provider> 的元件，把所有需要這個 Context 的元件包起來。Provider 會內建於 Context 中，所以使用方式就是 <xxxContext.Provider>。

現在，請在 src/app.js 引入 LoginContext，並用 <LoginContext.Provider>，把原本放置根據 router 對應到頁面元件的地方包起來。

```
/* 上方的程式碼省略，請參考4-8 */
import { LoginContext } from './context/LoginContext';

function Layout(props) {
    return (
        <>
            <nav>
                <Link to="/">點我連到第一頁</Link>
                <Link to="/form" style={{ marginLeft: '20px' }}>
                    點我連到第二頁
                </Link>
                <span>目前登入帳號: {loginInfo.accountContext}</span>
            </nav>
            <LoginContext.Provider>{props.children}</LoginContext.Provider>
        </>
    );
}

/* 下方的程式碼省略，請參考4-8 */
```

但是現在 Context 裡面的資料只是普通變數而已，並不是 State。另外，Provider 的作用是讓包在內部的任何一層元件都能取用 Context，所以我們要把原本放在 LoginForm 的 account 和 setAccount，搬到 src/app.js 的 Layout 中，並指定給 LoginContext。實現的方式是把 useState 的回傳值傳遞給 Context.Provider 的一個 props - **value**：

```
<LoginContext.Provider value={綁定值}>

</LoginContext.Provider>;
```

接著依以下方式實際加入程式碼中。之後所有 router 當下對應到的頁面元件，和頁面元件衍伸使用到的每一層級元件都能使用 LoginContext。

```
/* 上方的程式碼省略，請參考4-8 */
import { LoginContext } from './context/LoginContext';

function Layout(props) {
    const [account, setAccount] = useState('');

    return (
        <>
            <nav>
                <Link to="/">點我連到第一頁</Link>
                <Link to="/form" style={{ marginLeft: '20px' }}>
                    點我連到第二頁
                </Link>
                <span>目前登入帳號: {account}</span>
            </nav>
            <LoginContext.Provider
                value={{
                    accountContext: account,
                    setAccountContext: setAccount,
                }}
            >
                {props.children}
            </LoginContext.Provider>
        </>
    );
}
```

useContext - 在 function Component 中使用 Context

那麼子元件要怎麼使用 Context 呢？在 function component 中，取用 Context 的方式是引入官方提供的 **hook – useContext**。給予 useContext 目標 context 後，接收回傳值就能任意使用。

```
const data = useContext(目標Context);
```

現在請在 LoginForm 中，先把 account 和 setAccount 拿掉，然後用 useContext 引入 LoginContext。因為 LoginContext 就是剛剛我們綁定在 Provider 上的物件。所以可以用解構賦值，把存在 LoginContext 中的 accountContext 和 setAccountContext 拿出來並使用。

```
import React, { useContext } from 'react';
import { LoginContext } from '../context/LoginContext';
```

```
function LoginForm(){
    const {
      accountContext,
      setAccountContext
    } = useContext(LoginContext);
```

最後整合 Context 的 global state 至原本 account 和 setAccount 的對應位置就可以了。

```
import React, { useContext } from 'react';
import { LoginContext } from '../../context/LoginContext';

function LoginForm() {
    const { accountContext, setAccopuntContext } =
useContext(LoginContext);

    return (
        <div>
            <input
                type="text"
                value={accountContext}
                onChange={(e) => {
                    setAccopuntContext(e.target.value);
                }}
            />
            <div>目前account:{accountContext}</div>
        </div>
    );
}

export default LoginForm;
```

現在，你就能看到在上方 nav 右側多了一行會和 LoginForm 裡 input 輸入值同步的文字。

點我連到第一頁　點我連到第二頁目前登入帳號: 456
456
目前account:456

由於在 Provider 標層裡面的元件不管隔幾層、在哪裡都能取用該 Context，我們就能用這種方式達成多層子父元件的溝通。

Ch 4-10. Styled-Components：React 的 CSS 解決方案

在先前的教學中，除了直接綁定 style 屬性在 JSX 元素上外，我們從來都沒有提過要如何在 React 處理 CSS code。其實只要設定好打包工具，我們就能直接在任何元件檔使用 import 引入 css 檔。例如如果你是使用 create-react-app 建立專案的朋友，就能這樣寫：

```
import ".css檔路徑";
```

然而這樣做有個問題：

一般在做 SPA 的時候，通常是把所有 css 檔打包成一個或多個檔案，並在第一次載入網頁時就全部引入。**但這會讓開發者原本想要隸屬於個別頁面 / 元件的 css 程式碼同時生效，導致本來應該分開的 css 程式碼可能會因為使用了相同的 class, id 等 css 選取器而互相影響。** 如果想要最簡易的解決這個問題，除了把 style 寫在 JSX 的 props 上外，就要引用第三方套件。

現在，我們就來介紹一款熱門的 React style 處理套件 - Styled-Components。

安裝 Styled-Components

請打開 terminal，輸入：

```
npm install styled-components
```

Styled-Component 基礎使用

Styled-Component 可以讓我們撰寫 css code 後，產生「專屬這組 css」的 React 元件。他的語法很特別：

```
import styled from 'styled-components';

const 元件 = styled.你想使用的DOM元素`css程式碼`

//在JSX使用時
<元件></元件>
```

css 程式碼要在 **.js** 檔以字串的方式寫在最後面。以前面的舉例來說，如果我們要幫 MenuItem 添加指定 style，轉換成 style-compoent 前後的程式碼如下：

- src/component/MenuItem.js

```
import React, { memo } from 'react';

const menuItemStyle = {
    marginBottom: "7px",
    paddingLeft: "26px",
    listStyle: "none"
};

function MenuItem(props){
    return <li style={menuItemStyle}>{props.text}</li>;
}

export default memo(MenuItem);
```

切換成 Styled-Components 後就會變這樣：

```
import React, { memo } from 'react';
import styled from 'styled-components';

const MenuStyleItem = styled.li`
    margin-bottom: 7px;
    padding-left: 26px;
    list-style: none;
`;

function MenuItem(props){
    return  <MenuStyleItem>{props.text}</MenuStyleItem>;
}

export default memo(MenuItem);
```

實際觀看執行結果，你會發現顯示的雖然是一般的 <li>，但它上面多了一組 hash 編碼的 class，而且我們撰寫的 css 程式碼自動以這個 class 為選取器運作：

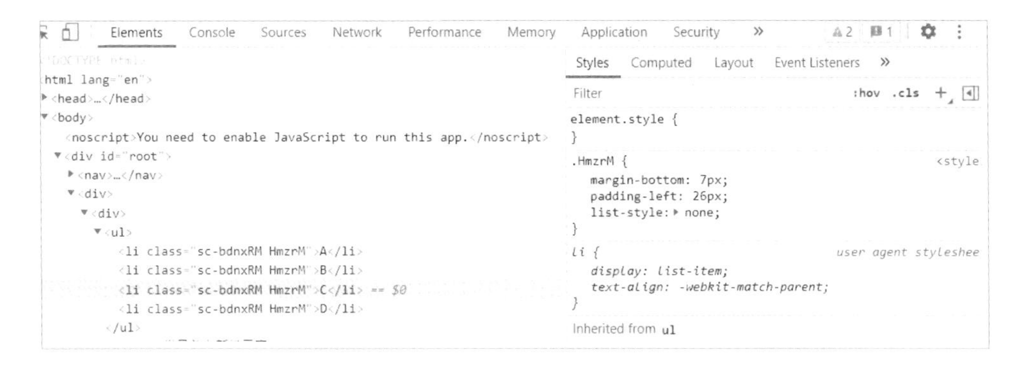

因為相同的 Styled-Components 元件會產生同樣，且不與其他元件重複的 **class**，所以我們就能避免在不同地方使用到相同 css 選取器而互相影響。

另外，一般會習慣把定義 Styled-Components 的地方拉出來和本來的元件分開。就跟以前會把 css 跟 html 檔分開的感覺很像。只是現在你又能更方便的製造相同 style 的元素：

- (新創建)src/component/MenuItemStyle.js

```
import styled from 'styled-components';

export const MenuStyleItem = styled.li`
    margin-bottom: 7px;
    padding-left: 26px;
    list-style: none;
`;
```

- src/component/MenuItem.js

```
import React, { memo } from 'react';
import { MenuStyleItem } from './MenuItemStyle';

function MenuItem(props){
    return  <MenuStyleItem>{props.text}</MenuStyleItem>;
}

export default MenuItem;
```

傳遞參數給 Styled-Components

你可以在 Styled-Components 上直接綁定本來原生 DOM 元素就會運作的 props，例如 onClick，該 props 會自動被給予 DOM 元素，不需要做任何而外的事情。

另外，我們也能透過 **ES6** 的字串模板，讓 **css** 根據 **props** 的值而變動。像是下面我們給了 MenuStyleItem 一個 color={"blue"}：

- src/component/MenuItem.js

```
import React, { memo } from 'react';
import { MenuStyleItem } from './MenuItemStyle';

function MenuItem(props){
    return  <MenuStyleItem color={"blue"}>{props.text}</MenuStyleItem>;
}

export default MenuItem;
```

我們就能把 props.color 設為 color 的值 (如果沒有給 props.color 則把 color 設定為 "black")。

- src/component/MenuItemStyle.js

```
import React, { memo } from 'react';
import { MenuStyleItem } from './MenuItemStyle';

function MenuItem(props){
    return  <MenuStyleItem color={"blue"}>{props.text}</MenuStyleItem>;
}

export default MenuItem;
```

以預設 props 打造 style 主題

你可以透過 Styled 元件 .defaultProps 來設定給參數預設值。藉此達到製作「主題」的效果。當使用元件的人沒有給對應 style 的 props 時，Styled 元件就會以預設的參數造型顯示：

- src/component/MenuItemStyle.js

```
import styled from 'styled-components';

const BaseMenuItem = styled.li`
    color: ${props => props.theme ? props.theme.color : "mediumseagreen"};
`;

export const MenuStyleItem = styled(BaseMenuItem)`
    margin-bottom: 7px;
    padding-left: 26px;
    list-style: none;
`;
```

另外你也可以透過把 css 相關屬性以字串變數方式定義在 js 檔，再以字串模板引入，達到製造相同主題的效果，這裡就不示範了。

以繼承元件的方式打造 style 主題

你也可以透過繼承其他定義好的元件來達到製作「主題」的效果。語法是在 Styled 後以函式參數傳入預先定義好的元件。例如以下的 MenuStyleItem 就繼承了所有 BaseMenuItem 的屬性：

- src/component/MenuItemStyle.js

```
import styled from 'styled-components';

const BaseMenuItem = styled.li`
    color: ${props => props.theme ? props.theme.color : "mediumseagreen"};
`;

export const MenuStyleItem = styled(BaseMenuItem)`
    margin-bottom: 7px;
    padding-left: 26px;
    list-style: none;
`;
```

另外，StyleComponent 中也能撰寫像是偽元素的語法，更多進階使用可以參考官方文件。

https：//styled-components.com/docs/advanced#referring-to-other-components

5 CHAPTER

React-Developer-Tools

由於我們在執行 React 程式前，都要透過 webpack 和 Babel 打包編譯成瀏覽器看的懂的 ES5，實際跑在瀏覽器的程式碼就會和本來 React 裡面長的樣子差很多。這個時候，我們就會藉由 React Dev tool，協助我們進行 Debug。

安裝

請在 Chrome/Firefox 外掛商店搜尋 React 並安裝 React Dev tool。

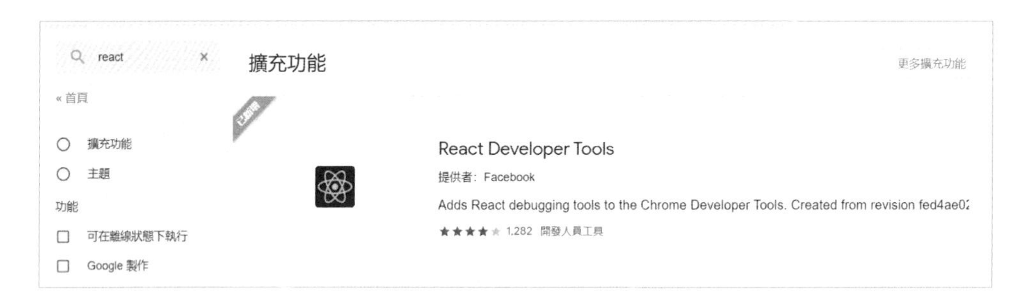

重新開啟瀏覽器後，打開我們的程式，如果有看到右上方有 React Icon 就代表安裝成功了。

監控 / 修改 Component

點擊 F12 後，點選右邊選單中的 Component，就會看到我們寫的程式的架構。

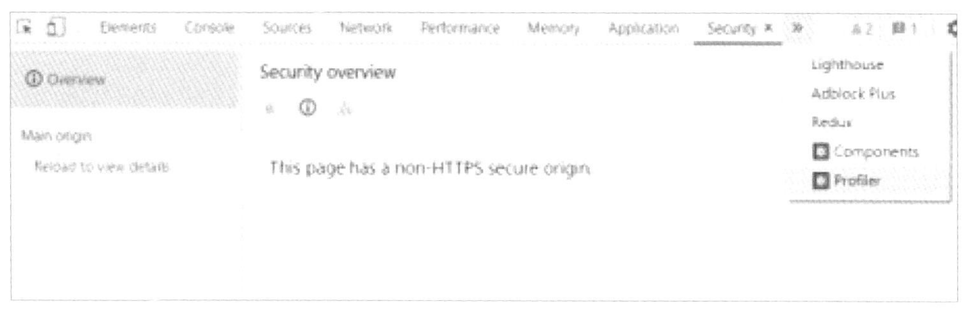


```
▾ Provider
  ▾ ReactRedux.Provider
    ▾ App
      ▾ HashRouter
        ▾ Router
          ▾ Router.Provider
            ▾ Router-History.Provider
              ▾ Switch
                ▾ Router.Consumer
                  ▾ Layout
                    ▸ Link ForwardRef
                    ▸ Link ForwardRef
                    ▾ Context.Provider
                      ▾ Route
                        ▾ Router.Consumer
                          ▾ Router.Provider
                            ▾ MenuPage
                              ▾ MenuList
                                ▾ Anonymous key="A" ForwardRef
                                    styled.li ForwardRef
                                ▾ Anonymous key="B" ForwardRef
                                    styled.li ForwardRef
                                ▾ Anonymous key="C" ForwardRef
                                    styled.li ForwardRef
                                ▾ Anonymous key="D" ForwardRef
                                    styled.li ForwardRef
                      ▸ Route
                      ▸ Route
```

點擊其中一個元件，你就能從右邊的面板看到這個元件的 state、props、hook、context 的現在的值：

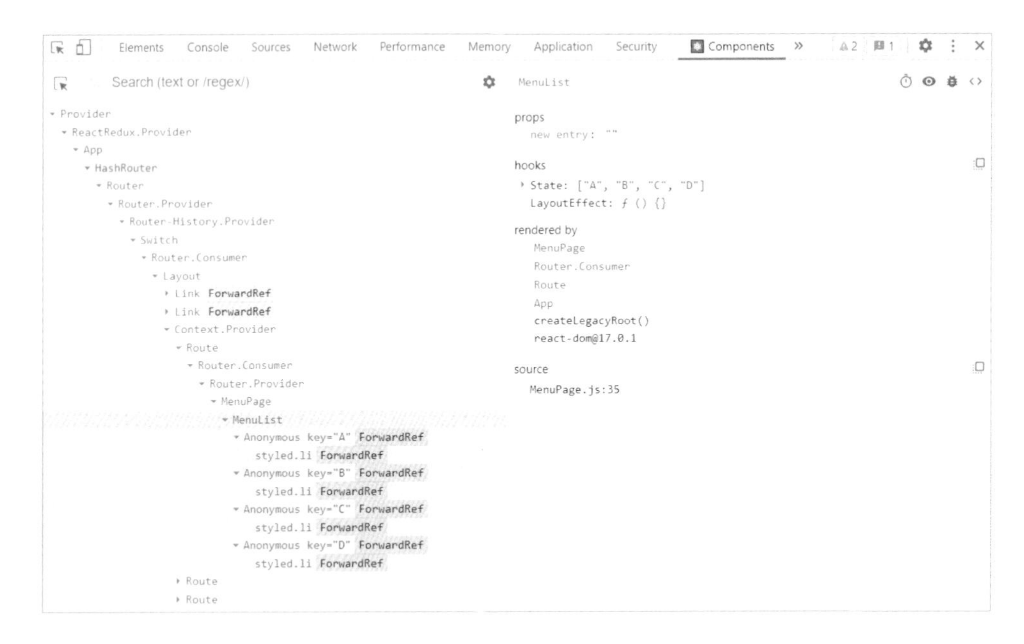

在這裡直接點擊右側面板中的變數兩下後，你就可以直接修改 props 或 state，React 會把修改後的結果直接顯示在畫面上：

尋找 Component 對應在 DOM 的元素

點選元件後點右上方的眼睛，React-dev-tool 就會在 Element 頁籤上顯示元件對應在 DOM 的原始元素。

印出元件相關資訊

點選旁邊的「蟲」圖示，元件的相關資訊就會印在 console。

```
Account

▼ [Click to expand] <Account />
  Props: ▼{accountContext: "", loginDispatch: ƒ}
           accountContext: ""
         ▶loginDispatch: ƒ ()
         ▶__proto__: Object
  Nodes: ▼[div]
         ▶0: div
           length: 1
         ▶__proto__: Array(0)
```

尋找元件打包後的程式碼

最旁邊的按鈕可以幫我們找到檢視的 React 元件對應在專案的 JS 檔位置。

效能監控

點擊 F12 後，點選右邊選單中的 Profiler。

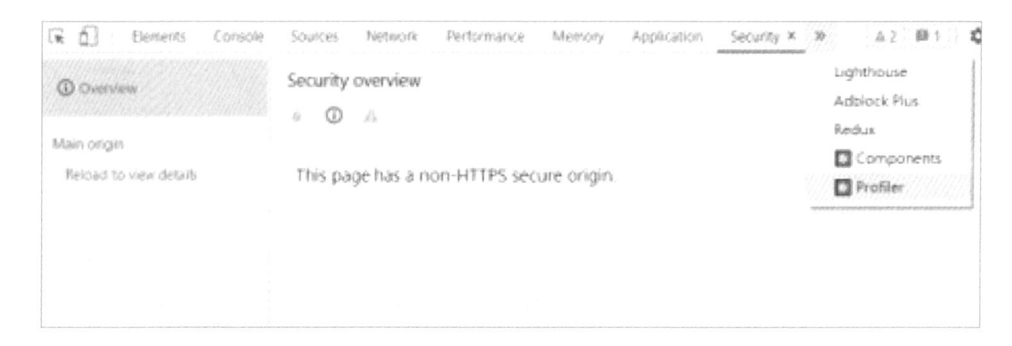

Profiler 可以幫我們監控每一次的操作中，哪些元件被重新 render、render 花了多久。

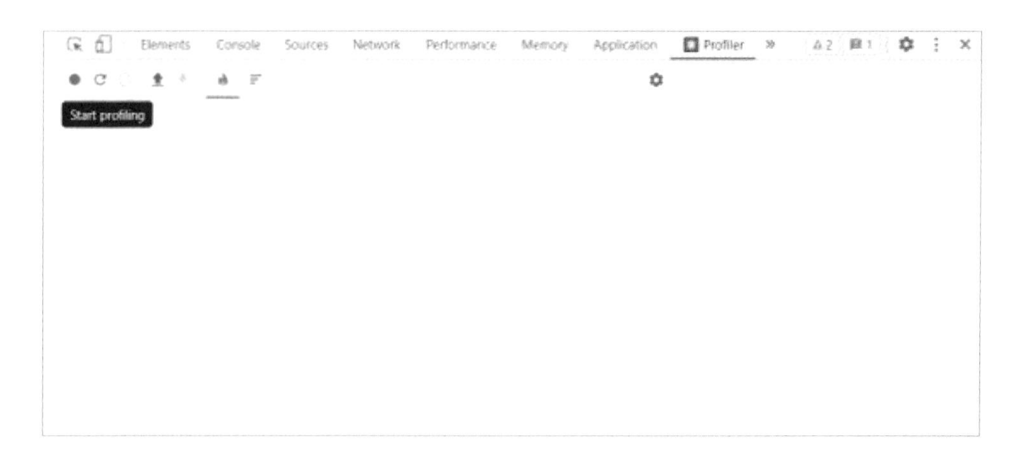

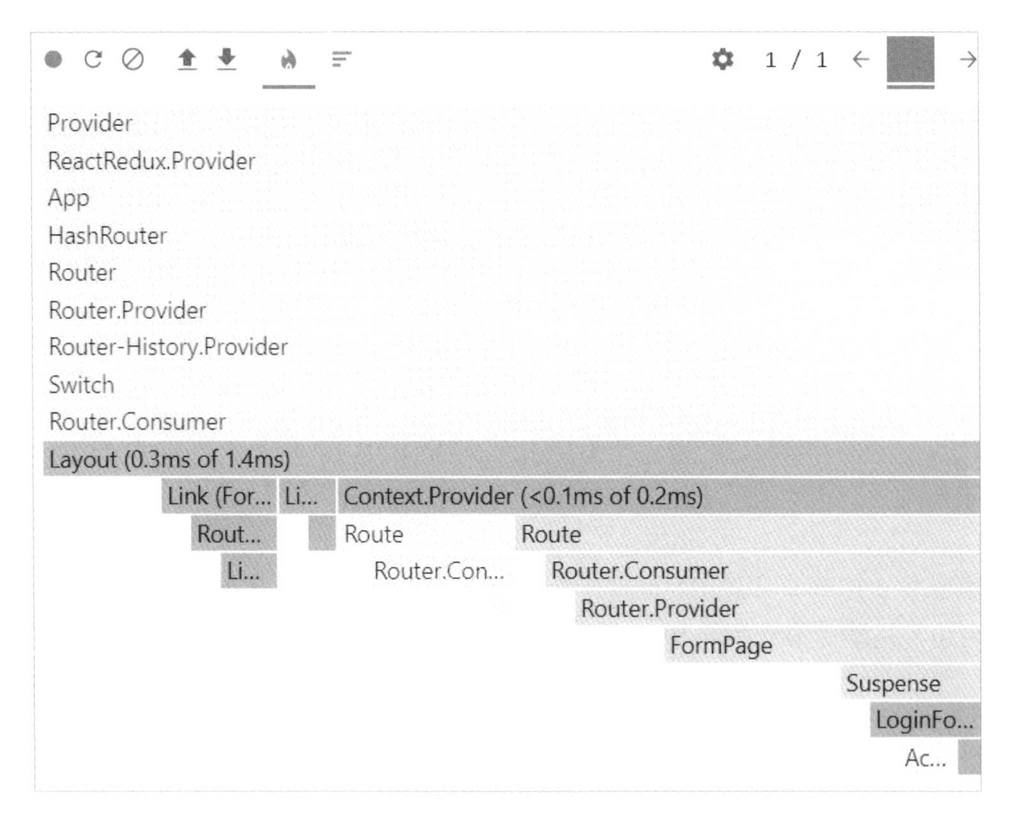

然而如果每次都要按錄製再去看到底誰被 re-render 是一件很麻煩的事情。所以你也可以點開**右邊的齒輪**，設定讓 React-dev-tool 用顏色標記重新被渲染的元素。另外，在齒輪中，你也能夠設定讓它記憶每個 component 被 re-render 的原因，方便你 Debug。

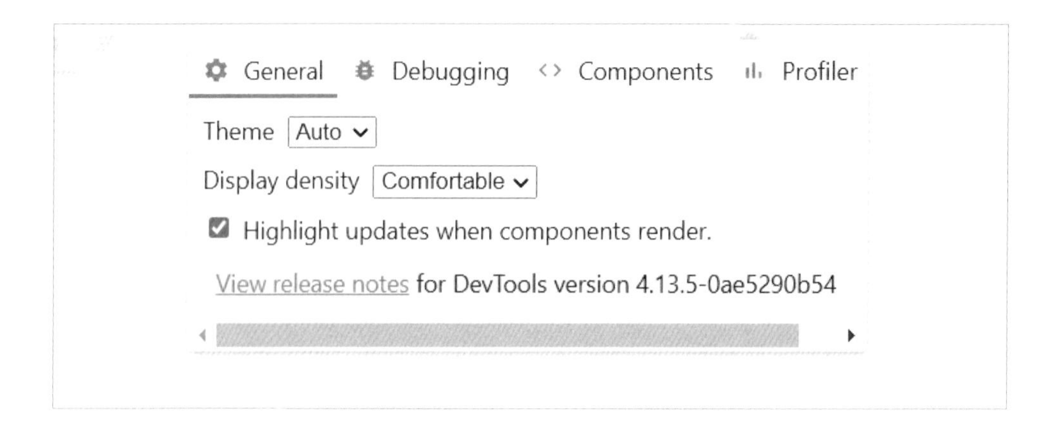

小結

本書會在第 8 章介紹 React.js 中常見的效能問題以及原生的解決方案，讀者可以搭配此章介紹的 React dev tools 使用。

6 CHAPTER

Flux 結構 與 React 的狀態管理方案

Ch 6-1. 簡介 Flux 結構與 useReducer

在 React 中，通常我們要設定 state 時，都是透過 setState(要指定的值)。但這樣做有兩個問題：

- 使用 setState 的元件可以任意指定值給 state。
- 當 state 結構複雜、但我們又只有要修改其中部分值時，很容易出錯。

舉例來說，假設今天我們有一個 state，他的結構是這樣：

```
const [data, setData] = useState({ A: a, B: b });
```

然後我們想要有兩個按鍵，用來分別單獨設定 A 和 B 的值。以直覺上來說，很容易寫出像這樣的程式碼：

```
<button onClick={()=>{ setData({ A: newA }) }}></button>
<button onClick={()=>{ setData({ B: newB }) }}></button>
```

然而這樣的寫法是錯的。因為 useState 給出來的 setData 函式並不會自動去修改物件中的單一屬性，而是直接把你丟給 setData 的參數整個變成 data 新的值。以 A 為例，按下設定 A 的按鍵後，新的 data 不會是 { A： newA, B： b }，而是 { A： newA }。

正確的寫法應該是用 ES6 的 spread operator 展開原始的 data 物件讓 JS 去合併未修改的部份：

```
<button onClick={()=>{ setData({ ...data, A: newA }) }}></button>
<button onClick={()=>{ setData({ ...data, B: newB }) }}></button>
```

雖然這樣做的確解決了我們的這個 case，但是如果物件資料變的很複雜呢？如果我們要修改的結構散佈在物件各層呢？ 要如何才能確保 state 的修改不會被同事改錯呢？

action | reducer | dispatch

因為剛剛的問題在大型網站上常常出現，Facebook 的開發者針對這點提出了 Flux 設計模式。這裡我們不會詳述 Flux，不過簡而言之就是當我們在做資料管理、流程設計時，不應該讓別人能夠隨意修改，而是我們要預先定義好修改的規則，並讓其他開發者透過這些規則來操作。

在 Flux 觀念下，我們操作流程和資料的過程大概變成像這樣：

1. 管理者預先定義好有哪些規則 (action) 可以使用
2. 管理者預先定義好規則 (action) 對應到的邏輯運算 (store/reducer) 是什麼
3. 操作者透過一個溝通用的函式 (dispatch)，把他選擇的規則 (action) 和需要的參數 (payload) 丟給管理者
4. 流程 / 資料透過管理者規定好的方式更新

由於 React 最通用的狀態管理工具 Redux(下一篇會講它) 是採用 Flux 結構，而在 Redux 中 reducer 跟 store 扮演的角色是一樣的，所以我們這裡放入說明的同一個地方。接下來的說明我們也會以 Redux 的架構為主。

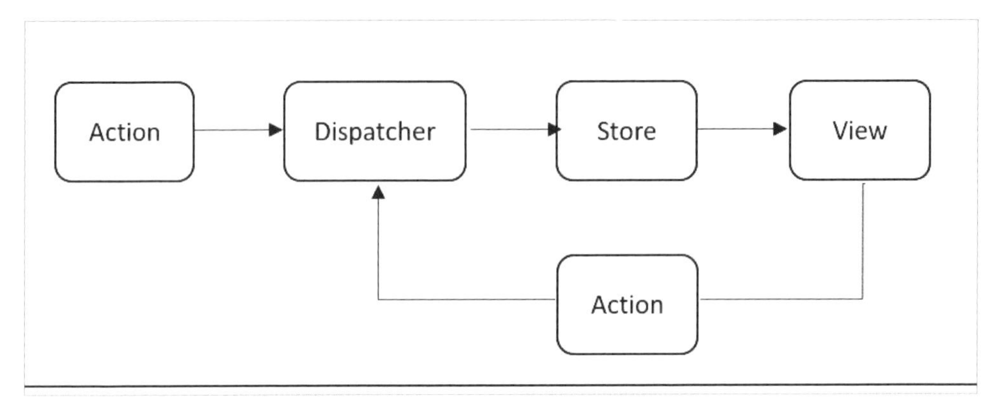

(上圖截自 Facebook 對於 flux 的說明影片)

useReducer

useReducer 是 React 提供用來簡易實現 Flux 架構的 React hook，基本上它就是一個「能夠預先定義 state 設定規則」的 useState。

和 useState 不同的是，useReducer 必須要接收兩個參數。第一個是函式，要定義有哪些規則、規則對應的邏輯。第二個則是 state 的初始值。useReducer 的語法為下：

```
const [state, dispatch] = useReducer(reducerFunc, initStateValue);
```

操作者可以透過 dispatch 函式傳送參數：

```
dispatch({ type: "ADD" });
```

當操作者呼叫 dispatch 後，reducerFunc 會被呼叫並接收到兩個參數。第一個是 state 先前的值，第二個則是操作者剛剛傳入 dispatch 的參數。

reducerFunc 必須要接收一個回傳值，這個回傳值會變成 state 新的值：

```
const reducerFunc = function (state, action) {
    // action get { type:"ADD" }
    switch (action.type) {
        case 'ADD':
            return state + 1; // new State
        case 'SUB':
            return state - 1; // new State
        default:
            return state;
    }
};
```

以本章開頭的範例而言，以下面的方式配合 useReducer，程式碼就會更直觀，也能避免不小心在哪個地方寫錯導致 state 被覆蓋：

```
const reducer = function (state, action) {
    // 由於JS物件類似call by ref，先複製一份避免直接修改造成非預期錯誤
    const stateCopy = Object.assign({}, state);

    switch (action.type) {
        case 'SET_A':
            stateCopy.A = action.A;
            return stateCopy; // new State
        case 'SET_B':
            stateCopy.B = action.B;
            return stateCopy; // new State
        default:
            return stateCopy;
    }
};
```

```
<button onClick={()=>{ dispatch({ type: "SET_A", A: newA }) }}></button>
<button onClick={()=>{ dispatch({ type: "SET_B", B: newB }) }}></button>
```

加入 useReducer 到我們的程式中吧

現在，我們來試著讓先前的 LoginForm 中，加入輸入密碼的欄位，並且透過 useReducer 來控制、取得輸入的資料。

```
function LoginForm() {
    return (
        <div>
            <input
                type="text"
                value={}
                onChange={(e) => {}}
            />
            <div>目前account:{}</div>
            <br />
            <input
                type="text"
                value={}
                onChange={(e) => {}}
            />
            <div>目前password:{}</div>
        </div>
    );
}

export default LoginForm;
```

首先，我們先定義 state 的初始值 initLoginInfo。請注意由於初始值不需要跟隨著元件的變動而有所改動，**為了避免不必要的重複宣告，這裡不需要定義在 function component 內**。

```
const initLoginInfo = {
    accountContext: '',
    passwordContext: ''
};

function LoginForm() {
// ----------以下省略----------
```

接下來是定義修改 state 的規則。由於更動的規則是固定的，這裡也和剛剛一樣應該要定義在 function component 外。

```
const initLoginInfo = {
    accountContext: '',
    passwordContext: ''
};

const loginInfoReducer = function(state, action){
    // 由於JS物件類似call by ref，先複製一份避免直接修改造成非預期錯誤
    const stateNext = Object.assign({}, state);

    switch(action.type){
        case 'SET_ACCOUNT':
            stateNext.accountContext = action.value;
            return stateNext; // new State
        case 'SET_PASSWORD':
            stateNext.passwordContext = action.value;
            return stateNext; // new State
        default:
            return state;
    }
}

function LoginForm() {
// ----------以下省略----------
```

接著引入 useReducer，並將剛剛定義好的更動規則和初始值傳入 useReducer 後，用解構賦值在元件中取得 state 和 dispatch。

```
import React, { useReducer } from 'react';

const initLoginInfo = {
    // 省略
};

const loginInfoReducer = function(state, action){
    // 省略
}

function LoginForm() {
    const [
      loginInfo,
      loginInfoDispatch
    ] = useReducer(loginInfoReducer, initLoginInfo);
```

最後把 state 的值和 dispatch 填入本來的 state 和 setState 的位置即可。請注意傳入 **dispatch** 的參數應該要根據你定義的規則中需要的資料結構，以

我們剛剛定義的規則而言應該要是：

```
{ type: 選擇的規則, value: 新的值 }
```

```
import React, { useReducer } from 'react';

const initLoginInfo = {
    // 省略
};

const loginInfoReducer = function (state, action) {
    // 省略
};

function LoginForm() {
    const [loginInfo, loginInfoDispatch] = useReducer(
        loginInfoReducer,
        initLoginInfo
    );

    return (
        <div>
            <input
                type="text"
                value={loginInfo.account}
                onChange={(e) => {
                    loginInfoDispatch({
                        type: 'SET_ACCOUNT',
                        value: e.target.value,
                    });
                }}
            />
            <div>目前account:{loginInfo.account}</div>
            <br />
            <input
                type="text"
                value={loginInfo.password}
                onChange={(e) => {
                    loginInfoDispatch({
                        type: 'SET_PASSWORD',
                        value: e.target.value,
                    });
                }}
            />
            <div>目前password:{loginInfo.password}</div>
        </div>
    );
}

export default LoginForm;
```

這樣我們就以 useReducer 實現了用 flux 結構保護 loginInfo。

另外，由於更動 state 的邏輯被封裝在 reducer 內，當 state 被改變時，useReducer 輸出的 dispatch 函式不會被重新定義，所以 **useReducer 除了用來實現 Flux 結構外，也能被用來進行效能優化，或是避免產生「更動 state 的函式」產生非預期副作用。**

Ch 6-2. 以 useContext 進行狀態管理，淺談 Context 效能問題

在先前的章節中，我們分別介紹了使用 useContext 實現 Global state，以及用 useReducer 實現 Flux 結構。而在開發中型以上規模的專案時，我們經常將兩者合而為一，打造成全局的狀態管理架構。例如，以下就是把先前範例的 useReducer 拉到 App.js 的 Layout 中再賦予 LoginContext 的作法：

```
import React, { useReducer } from 'react'; // 改引入useReducer
import { HashRouter, Route, Switch, Link } from 'react-router-dom';

import { LoginContext } from './context/LoginContext';

const initLoginInfo = {
    accountContext: '',
    passwordContext: '', // 加入password
};

const loginInfoReducer = function (state, action) {
    const stateNext = Object.assign({}, state);
    switch (action.type) {
        case 'SET_ACCOUNT':
            stateNext.accountContext = action.value;
            return stateNext;
        case 'SET_PASSWORD': // 加入password
            stateNext.passwordContext = action.value;
            return stateNext;
        default:
            return state;
    }
};
```

```
function Layout(props) {
    const [loginInfo, loginInfoDispatch] = useReducer(
        loginInfoReducer,
        initLoginInfo
    );

    return (
        <>
            <nav>
                <Link to="/">點我連到第一頁</Link>
                <Link to="/form" style={{ marginLeft: '20px' }}>
                    點我連到第二頁
                </Link>
                <span>目前登入帳號: {loginInfo.accountContext}</span>
            </nav>
            <LoginContext.Provider
                value={{
                    accountContext: loginInfo.accountContext,
                    passwordContext: loginInfo.passwordContext,
                    loginDispatch: loginInfoDispatch,
                }}
            >
                {props.children}
            </LoginContext.Provider>
        </>
    );
}
```

而在 LoginForm 中，為了方便管理元件，我們就可以再把「Account 輸入」和「Password 輸入」分割成獨立元件。引入 LoginForm 後，個別在兩個元件使用 useContext 去連接在 LoginContext 中對應的資料。

```
src
|____component
    |____LoginForm
        |____Account.js
        |____LoginForm.js
        |____Password.js
```

```
import React from 'react';
import Account from './Account';
import Password from './Password';

function LoginForm() {
    return (
        <div>
            <Account />
            <br />
            <Password />
        </div>
    );
}

export default LoginForm;
```

```
import React, { useContext } from 'react';

import { LoginContext } from '../../context/LoginContext';

function Account() {
    const { accountContext, loginDispatch } = useContext(LoginContext);

    return (
        <div>
            <input
                type="text"
                value={accountContext}
                onChange={(e) => {
                    loginDispatch({
                        type: 'SET_ACCOUNT',
                        value: e.target.value,
                    });
                }}
            />
            <div>目前account:{accountContext}</div>
        </div>
    );
}

export default Account;
```

```
import React, { useContext } from 'react';

import { LoginContext } from '../../context/LoginContext';

function Password() {
    const { passwordContext, loginDispatch } = useContext(LoginContext);

    return (
        <div>
            <input
                type="text"
                value={passwordContext}
                onChange={(e) => {
                    loginDispatch({
                        type: 'SET_PASSWORD',
                        value: e.target.value,
                    });
                }}
            />
            <div>目前password:{passwordContext}</div>
        </div>
    );
}

export default Password;
```

實際執行程式碼，就能得到和 6-1 一樣正常運作、且又能和在 4-9 中一樣同步在 Layout 顯示的結果。

然而此時打開 React 開發者工具的效能檢測，你會發現一件奇怪的事情：**當使用者只輸入 account、還沒輸入 password 時，Password 元件居然被重新渲染了**。

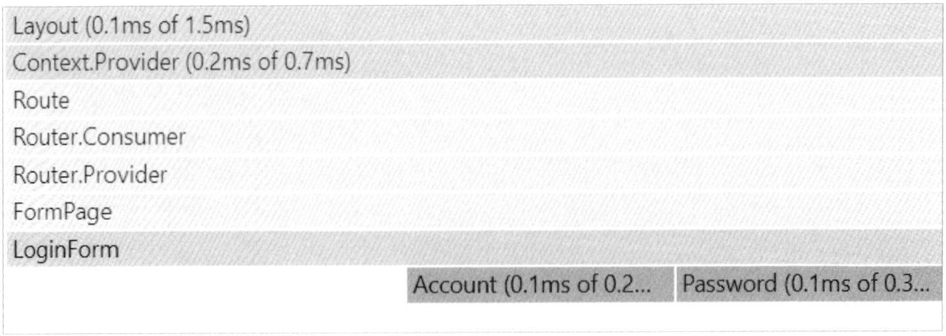

Layout (0.1ms of 1.5ms)
Context.Provider (0.2ms of 0.7ms)
Route
Router.Consumer
Router.Provider
FormPage
LoginForm
Account (0.1ms of 0.2... Password (0.1ms of 0.3...

為什麼會這樣呢？

這是因為 **React Context api** 的運作原理是當某 **Context** 的值被更新時，會讓所有引入該 **Context** 的元件都強制渲染。而在我們的範例中，account、password 和 dispatch 都是在同一個 Context 裡，也就造成了此執行結果。**雖然我們可以透過拆分 Context 來解決這個問題**，但實務開發上經常會遇到需要在同一 global state 中有複雜資料結構的情形。這也是為什麼 Context API 推出至今仍然尚未成為 React 主流的狀態管理方案的原因。

在下一章中，我們會介紹 React 最主流的狀態管理第三方套件，也會在後續的進階篇中討論如何使用其他 React 效能處理 API 來解決這個問題。

*註：在 2021 年 1 月，React 已經發佈了解決以上問題的 context selector 的 Pull Request，但在筆者撰文當下 (2021/03) 此功能仍然處於內部實驗階段。讀者可以持續關注 React 社群未來的訊息。

參考資料： https：//github.com/facebook/react/pull/20646

Ch 6-3. Redux, useDispatch 與 useSelector

當專案中的階層變複雜，state 和 props 變的很多，資料在多層 component 之間的傳遞也越來越多。產生了一堆純粹用來傳遞用的 props 和父 component。

在 4-9 中，我們提及了 React 本身提供的狀態管理 Context API，但也在前一章中提及了 Context 存在致命的效能問題。現在，就讓我們來認識另一個由第三方提供，也是現今業界最被廣為使用的狀態管理套件 - Redux。

Redux 的由來與流程

Redux 在 2015 年誕生。他不只是一個普通的全局 state 和 setState 工具而已，Redux 受到了在前一章介紹過的設計概念 Flux 啟發。Redux 基於 Flux 的架構外，又做了一些補充和修改：

1. 管理者預先定義好有哪些 state 可以使用，並採用 Single source，讓所有人拿到的 state 是一樣、共用的
2. 管理者預先定義好有哪些修改規則 (action) 可以使用
3. 管理者預先定義好規則 (action) 對應到的邏輯運算 (reducer) 是什麼
4. Redux 把所有 state 和對應的 reducer 包成一起，稱為 store
5. 透過一個 Provider 把 store 提供給專案中所有的元件

而操作者可以有兩種操作選擇：

1. 操作者可以透過一個 selector，從 store 裡面取出想要的 state
2. 操作者可以透過一個溝通用的函式 (dispatch)，把他選擇的規則 (action) 和需要的參數 (payload) 丟給管理者

依據上述流程，我們就能在任何地方取得 state，同時 state 也會透過管理者規定好的方式更新。

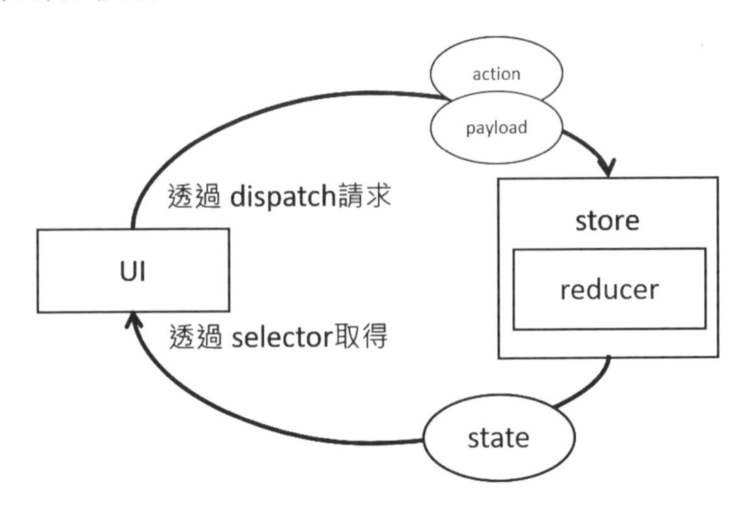

Redux 使用

1. 安裝

首先，請先打開 terminal，輸入：

```
npm install redux react-redux
```

Redux 和專為 React 打造的 react-redux 就會被安裝。

2. 設定 action 和定義 reducer

請在 src 底下新增 data 資料夾，並在裡面建立 actions 和資料夾和 reducers 資料夾。這兩個資料夾中我們會用來定義跟登入有關的 action 和 reducer。

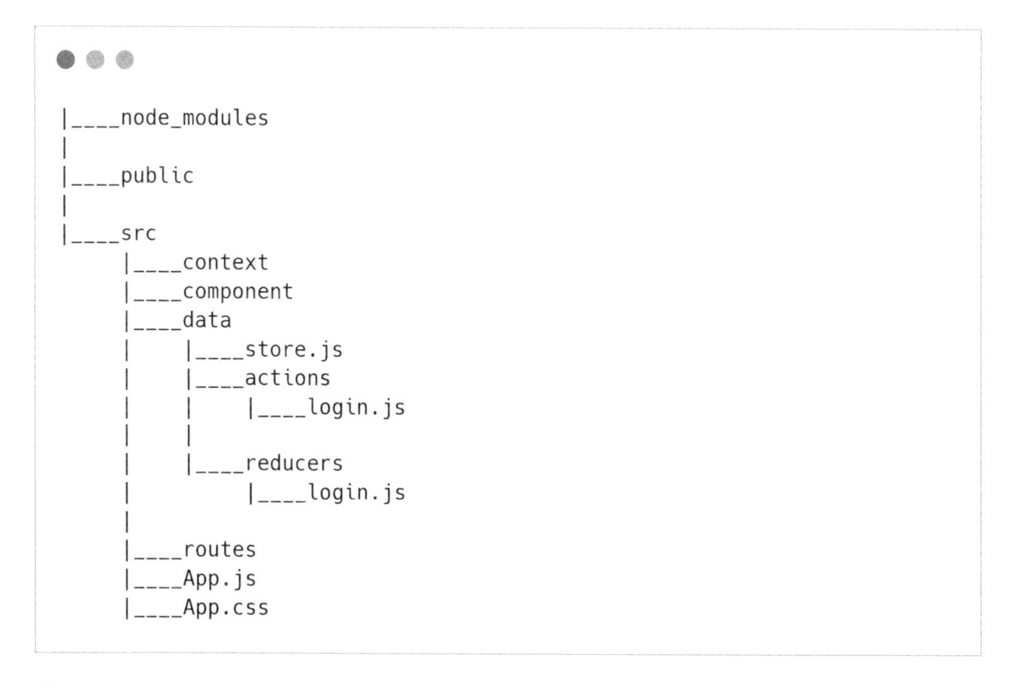

```
|____node_modules
|
|____public
|
|____src
     |____context
     |____component
     |____data
     |    |____store.js
     |    |____actions
     |    |    |____login.js
     |    |
     |    |____reducers
     |         |____login.js
     |
     |____routes
     |____App.js
     |____App.css
```

在 data/actions 資料夾中建立 login.js，在這裡我們會以變數統一管理 action 的字串：

```
export const SET_ACCOUNT = 'SET_ACCOUNT';
export const SET_PASSWORD = 'SET_PASSWORD';
```

接著在 data/reducers 資料夾中建立 login.js，並在這裡定義 reducer 的規則。這裡 reducer 接收到的參數和運作流程和前一章介紹過的 useReducer 很像，當操作者呼叫 dispatch 後，Redux 會呼叫 Reducer 函式。Redux Reducer 函式的語法是：

- 接收兩個參數
  - 第一個是 state 之前的值。
  - 第二個則是操作者傳入 dispatch 函式的參數。
- Reducer 必須要有一個回傳值，該值會變成 state 新的值

請注意第一次執行的時候，reducer 的第一個參數 (state) 如果有給 default value，該 default value 就會變成 state 的初始值。

```
import { SET_ACCOUNT, SET_PASSWORD } from '../actions/login';

const initLoginInfo = {
    account: '',
    password: '',
};

const loginReducer = function (state = initLoginInfo, action) {
    const stateNext = Object.assign({}, state);
    switch (action.type) {
        case SET_ACCOUNT:
            stateNext.account = action.value;
            return stateNext; // new State
        case SET_PASSWORD:
            stateNext.password = action.value;
            return stateNext; // new State
        default:
            return state;
    }
};

export default loginReducer;
```

3. 建立 store、連結 reducer

請在 data 資料夾底下新增 store.js。要創立 store 的話，必須要使用 redux 提供的 APIcreateStore。

```
import { createStore } from 'redux';
```

接著引入剛剛定義好的 reducer，丟給 createStore 就能產生 store 了，等等我們會在 React 程式中透過他傳遞 state。

- src/data/store.js

```
import { createStore } from 'redux';
import loginReducer from './reducers/login';

const store = createStore(loginReducer);

export default store;
```

createStore 還可以使用一些 middleware 參數，幫 redux 多加一些功能，本書在下一篇會介紹。

另外，如果今天同時有多個 reducer，可以使用 combineReducers 這個 API。

```
import { createStore, combineReducers } from 'redux';

import loginReducer from './reducers/login';
import otherReducer from './reducers/other';

const reducers = combineReducers(loginReducer, otherReducer);

const store = createStore(reducers);

export default store;
```

4. 使用 Provider 包覆所有元件

Provider 是 react-redux 提供的特殊 React 元件，被 <Provider></Provider> 包住的元件都能恣意取用 store 裡面的 state。它的語法是：

```
<Provider store={store}>

</Provider>
```

現在，我們回到所有 React 程式的起點，引入 Provider 和剛剛建立的 loginStore，用它包住所有程式。

- src/index.js

```
import React from 'react';
import ReactDOM from 'react-dom';
import './index.css';
import App from './App';

import { Provider } from 'react-redux';
import store from './data/store.js';

ReactDOM.render(
    <React.StrictMode>
        <Provider store={store}>
            <App />
        </Provider>
    </React.StrictMode>,
    document.getElementById('root')
);
```

這裡為方便讀者理解把 Provider 放在 App 外，但一般開發會習慣把 Provider 放在 App 內的最外層。

接著就能在裡面的元件取用 state 了。但在 **function component** 使用 **Redux** 的方式會比較特別，必須要使用 **Redux** 提供的 **hook**。

使用 useSelector 取得 state

React-Redux 提供了一個 hook useSelector，能讓我們在 React function component 中選取想要從 Redux 取得的 state。

```
import { useSelector } from 'react-redux';
```

useSelector 本身需要一個參數，此參數為函式，定義了你要如何從所有 state 中挑選你需要的 state。

例如，由於剛剛我們定義的 state 結構為：

```
const initLoginInfo = {
    account: '',
    password: '',
};
```

useSelector 會把所有的 state 丟入我們定義的函式參數中，我們取得 account 和 password 的方式就是從參數函式把它單獨取出並回傳：

```
const account = useSelector((state) => state.account);
const password = useSelector((state) => state.password);
```

使用 useDispatch 取得 dispatch

React-Redux 提供的另一個 hook：useDispatch，能讓我們在 React function component 中呼叫 dispatch 函式。

```
import { useDispatch } from 'react-redux';
```

使用上很簡單很單純，先把這個函式取出來：

```
const dispatch = useDispatch();
```

然後想要更動 state 時直接呼叫它就可以。**呼叫 dispatch 時記得要傳「想要選擇的更動規則、想要傳的參數」**。詳細你可以回頭去看剛剛的 reducer 是怎麼定義的。

- 新增 item

```
dispatch({ type: 'SET_ACCOUNT', value: e.target.value });
```

- 清空 item

```
dispatch({ type: 'SET_PASSWORD', value: e.target.value });
```

加入 Redux 到我們的程式碼吧

依照剛剛的方式，將 redux 的 store、reducer 引入後，上一章的登入表單實作完的結果如下：

```
import React from 'react';
import { useSelector, useDispatch } from 'react-redux';

import { SET_ACCOUNT } from '../../data/actions/login';

function Account() {
    const account = useSelector((state) => state.account);
    const dispatch = useDispatch();

    return (
        <div>
            <input
                type="text"
                value={account}
                onChange={(e) => {
                    dispatch({ type: SET_ACCOUNT, value: e.target.value });
                }}
            />
            <div>目前account:{account}</div>
        </div>
    );
}

export default Account;
```

```
import React from 'react';
import { useSelector, useDispatch } from 'react-redux';

import { SET_PASSWORD } from '../../data/actions/login';

function Password() {
    const password = useSelector((state) => state.password);
    const dispatch = useDispatch();

    return (
        <div>
            <input
                type="text"
                value={password}
                onChange={(e) => {
                    dispatch({type: SET_PASSWORD, value: e.target.value});
                }}
            />
            <div>目前password:{password}</div>
        </div>
    );
}

export default Password;
```

由於 **selector** 會辨識元件選取的 **state** 是否有被更新，此時打開 React 效能檢測工具，就能看到和上一章範例不同的地方：當 Account 被改變時，Password 並不會產生不必要的渲染。

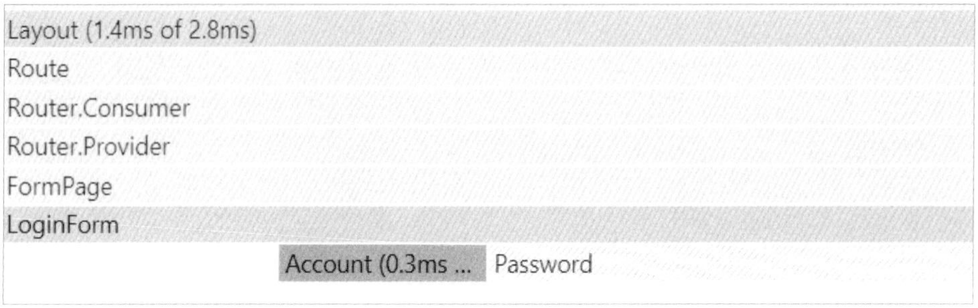

Layout (1.4ms of 2.8ms)
Route
Router.Consumer
Router.Provider
FormPage
LoginForm
Account (0.3ms ... Password

另外在前面介紹 useContext 時，我們有利用 global state 的性質在 layout 同步顯示 account 的值。在這裡如果改成用 react-redux 和 useSelector 的程式碼就會變成下圖：

```
import React from 'react';
import { HashRouter, Route, Switch, Link } from 'react-router-dom';
import { useSelector } from 'react-redux';

import MenuPage from './routes/MenuPage';
import FormPage from './routes/FormPage';

function Layout(props) {
    const account = useSelector((state) => state.account);
    return (
        <>
            <nav>
                <Link to="/">點我連到第一頁</Link>
                <Link to="/form" style={{ marginLeft: '20px' }}>
                    點我連到第二頁
                </Link>
                <span>目前登入帳號: {account}</span>
            </nav>
            {props.children}
        </>
    );
}
```

Redux 家族

因為 Redux 本身還不夠用，近年來又衍伸出了各式各樣的 Redux 版本和 middleware，例如：

- Redux-Actions
  把 redux 的流程封裝簡化
- Redux-Saga
  著重於 redux 的非同步處理
- Redux-Thunk
  把 redux 的非同步處理再更簡化
- Redux-Observable
  以 functional-programming 的方式處理資料流

下一篇我們就會來聊如何使用 Redux-Thunk。

Ch 6-4. 以 redux-thunk 整合 redux 中的非同步事件

很多時候，我們的 state 必須要透過 HTTP Request 從後端取得。然而發送 Request 常用的 fetch 或是 axios 是非同步的。雖然我們可以透過以下方式把資料送進去 Redux：

```
useEffect(() => {
    fetch('URL', { method: 'GET' })
        .then((res) => res.json())
        .then((data) => {
            dispatch({ type: 'TYPE', payload: { data } });
        })
        .catch((e) => {
            /*發生錯誤時要做的事情*/
        });
}, []);
```

但最理想的狀況還是讓這個 fetch 的過程被模組、抽象化，也就是不應該還要讓 **UI 繪製程式還要自己去 call fectch API。我們希望 UI 繪製程式只需要呼叫一個函式，從 fetch 到更新 Redux 的這串過程都會完成。**

不論是在 Flux，還是傳統的 MVC、MVP、MVVM 觀念下，都希望把資料處理的程式抽離 UI 繪製的程式，而不是讓兩者混雜在一起。

講白一點，我們的流程本來是：

1. 操作者呼叫 dispatch
2. Redux 判斷 action
3. Redux 根據 action 對 state 做出對應修改

現在我們希望流程改成這樣：

1. 操作者呼叫 dispatch
2. 一個遇到非同步事件，就會等到非同步事件結束才再次呼叫 dispatch、傳遞 action 的模組程式
3. Redux 判斷 action
4. Redux 根據 action 對 state 做出對應修改

一般會把 2 這種在本來行為之間 (1 和 3) 的加工過程稱為 middleware (中介層)。

Redux-Thunk

Redux-Thunk 就是一個簡化 Redux 處理非同步事件的中介層套件。它的運作流程是這在原先的 UI 發出 dispatch 和 store 之間多加一個中介層，在這個中介層執行非同步事件，且在非同步事件結束後，再決定實質上要對 store 中發出什麼 action 和 payload：

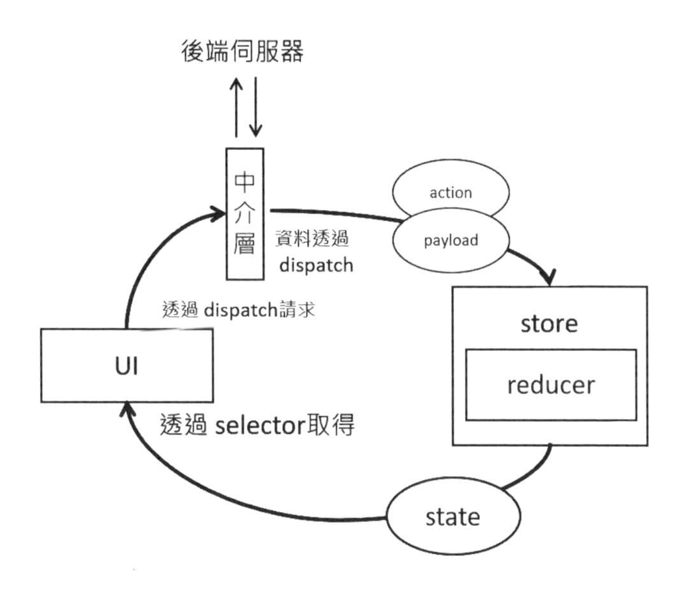

Redux middleware 與 Redux-Thunk 的使用

接下來我們會實際操作一次 Redux-Thunk，試著模擬在登入後，從後端取得 username 並放置在 redux。資料會用筆者 github 的一個 Json 檔，其資料結構如下：

```
{
    "username" : "張鮭魚"
}
```

1. 安裝

請打開 terminal，輸入：

```
npm install redux-thunk
```

2. 新增 action 到 src/data/actions/login.js 中

因為現在我們的還沒有新增 username 的 action，我們先加一個 SET_USERNAME，等等還要再加回 reducer 中。

- src/model/action.js

```
export const SET_ACCOUNT = 'SET_ACCOUNT';
export const SET_PASSWORD = 'SET_PASSWORD';

export const SET_USER_NAME = 'SET_USER_NAME';
```

3. 建立 src/data/middleware/login.js

```
|____src
     |____data
          |____store.js
          |____actions
          |    |____login.js
          |
          |____middlewares
          |    |____login.js
          |
          |____reducers
               |____login.js
```

這裡我們要定義一個函式，其回傳值為「執行目標非同步事件的函式」。**Redux-Thunk** 會把原 **dispatch** 函式當成「回傳值函式」的參數傳入。現在，我們要在 src/data/middleware.js 中，定義一個函式來向 https：//raw.githubusercontent.com/JiaAnTW/json_storage/master/react-tutorial/login.json 發送非同步的 GET 請求。並在非同步事件結束後再次呼叫 **dispatch**，給予對應的 **action** 和 **payload**。

```
import { SET_USERNAME } from '../actions/login';

const url =
"https://raw.githubusercontent.com/JiaAnTW/json_storage/master/react-
tutorial/login.json";

export default function fetchUsername(){
    return (dispatch) => {
        fetch( url, {
            method: "GET"
        })
        .then(res => res.json())
        .then(data => {
            dispatch({
                type: SET_USERNAME,
                value: data['username'],
            });
        })
        .catch(e => {
            console.log(e);
        })
    };
};
```

4. 加入 Redux-Thunk 到 Redux 中

Redux 提供了 applyMiddleware 這個函式來讓我們安裝 middleware 到 Redux 中。用法是將「applyMiddleware(中介層 1, 中介層 2,...)」放在 createStore 的第二個參數中。

現在，請引入 Redux-Thunk 的 thunk 和 Redux 的 applyMiddleware，並加入我們的 store 中：

- src/data/store.js

```
import { createStore, applyMiddleware } from "redux";
import thunk from "redux-thunk";

import loginReducer from "./reducers/login";

const store = createStore(loginReducer,applyMiddleware(thunk));

export default store;
```

這樣使用 Redux-thunk 的架構就完成了。

5. 補回 reducer 處理 SET_USERNAME 的 case

- src/model/reducer/login.js

```
import { SET_ACCOUNT, SET_PASSWORD, SET_USERNAME } from '../actions/login';

const initLoginInfo = {
    account: '',
    password: '',
    username: '', // 加入username
};

const loginReducer = function(state = initLoginInfo, action){
    const stateNext = Object.assign({}, state);
    switch(action.type){
        case SET_ACCOUNT:
            stateNext.account = action.value;
            return stateNext;
        case SET_PASSWORD:
            stateNext.password = action.value;
            return stateNext;
        case SET_USERNAME: // 加入username
            stateNext.username = action.value;
            return stateNext;
        default:
            return state;
    }
}

export default loginReducer;
```

6. 在 UI 對應的地方，以 dispatch 呼叫 fetchUsername

觸發 Redux-Thunk 的方式，是在需要的地方呼叫。

```
dispatch( 剛剛定義的非同步函式() );
```

也就是你可以在 src/component/LoginForm/LoginForm.js 新增一個按鈕，引入剛剛定義好的 fectchUsername 後，以 onClick 去呼叫 dispatch，並從原本的傳入 type 改成傳入 fectchUsername()：

```
import React from "react";
import { useDispatch } from "react-redux";
import Account from './Account';
import Password from './Password';
import fetchUsername from '../../data/middlewares/login'; // 引入呼叫api的函式

function LoginForm(){
    const dispatch = useDispatch();
    // 加入登入按鈕觸發呼叫後端api
    return (
        <div>
            <Account/>
            <br/>
            <Password/>
            <button onClick={()=> dispatch(fetchUsername())}>登入</button>
        </div>
    );
};

export default LoginForm;
```

現在，當你按下去按鈕之後，Redux 就會根據我們剛剛定義的內容，先執行發送 **Http Request**，等資料回來，才透過 **dispatch** 把 action 和從後端得到的 username 丟到 reducer 去更新。

最後，我們可以在 Layout 把原本顯示 account 的地方改顯示 username，來測試是否有拿到後端回傳的資料。

- src/app.js

```
import React, { useReducer } from 'react';
import { HashRouter, Route, Switch, Link } from "react-router-dom";
import { useSelector } from "react-redux";

import MenuPage from "./routes/MenuPage";
import FormPage from "./routes/FormPage";


function Layout (props){
    // 把account改成向後端取得的username
    const username = useSelector((state)=>state.username);
    return(
        <>
            <nav>
                <Link to="/">點我連到第一頁</Link>
                <Link to="/form" style={{marginLeft:"20px"}}>
                  點我連到第二頁
                </Link>
                <span>目前登入帳號: {username}</span>
            </nav>
                { props.children }
        </>
    )
}
```

這樣就實現了將非同步事件以 redux-thunk 整合進入 redux。

7 CHAPTER

前端專案的架構設計

當專案結構逐漸變大，「如何分檔」和「如何歸類檔案」就成了一門哲學。

由於每一個開發團隊都有自己的規範和習慣，本章節只會以幾個常見的規範和開源專案為例，進行分析和介紹。建議讀者在理解大致準則後，根據自己的需求和習慣去思考如何調整自己的專案。

Ch 7-1. 元件的劃分 – 以 Atomic design 為例

過去，前端工程師發現為了要讓程式碼的重複利用程度最大化，自己的元件不斷地被往下劃分，加了各式各樣的功能，開始眼花撩亂。

網頁元件化與 Atomic Design

自然界萬物的組成，是由原子組成分子、分子組成組織、組織形成器官、器官形成生物。

2013 年前端工程師 Brad Frost 提出了網頁元件化的 Atomic Design 概念，目前也被廣泛應用於 Design System 中。這個概念簡而言之是把程式碼架構分成這樣：

- Atoms 原子：最基礎的元素
- Molecules 分子：由原子構成的簡易架構
- Organisms 組織：由原子及分子所組成的元件
- Templates 模板
- Pages 頁面

要注意的是 Atomic Design 僅是一個「概念」。並沒有強制規定說什麼要是 Atoms、Molecules、Organisms……，也沒有規定說一定要切成這些架構。

以 React Bootstrap 來看 Atomic Design

我們可以從一些常見的 UI 元件框架來看 atomic design 如何應用到實際開發。

以 React Bootstrap 為例。下方是 React Bootstrap 在介紹導覽列 (NavBar) 這個元件的範例程式碼。在這份程式碼中，可以看到一個大致的準則：「一個元件只負責一個功能」。

```
<Navbar bg="light" expand="lg">
  <Navbar.Brand href="#home">React-Bootstrap</Navbar.Brand>
  <Navbar.Toggle aria-controls="basic-navbar-nav" />
  <Navbar.Collapse id="basic-navbar-nav">
    <Nav className="mr-auto">
      <Nav.Link href="#home">Home</Nav.Link>
      <Nav.Link href="#link">Link</Nav.Link>
      <NavDropdown title="Dropdown" id="basic-nav-dropdown">
        <NavDropdown.Item href="#action/3.1">Action</NavDropdown.Item>
        <NavDropdown.Item href="#action/3.2">Another action</NavDropdown.Item>
        <NavDropdown.Item href="#action/3.3">Something</NavDropdown.Item>
        <NavDropdown.Divider />
        <NavDropdown.Item href="#action/3.4">Separated link</NavDropdown.Item>
      </NavDropdown>
    </Nav>
    <Form inline>
      <FormControl type="text" placeholder="Search" className="mr-sm-2" />
      <Button variant="outline-success">Search</Button>
    </Form>
  </Navbar.Collapse>
</Navbar>
```


什麼意思呢？我們先由架構的上而下來討論 NavBar 中的 Nav。在 Nav 這個元件中，有兩個不同功能的元件：「連結」和「下拉選單」，所以此份程式碼先拆出了 Link 和 DropDown 兩個元件。接著，「下拉選單」又包含了「單一選項」和「將多個元件呈現為列表的容器」，也就是 DropDown.Item 和 DropDown。

至此，所有的元件都只負責一件事情，彼此的耦合度不高，也就是說開發時，不會因為某次的修改而影響太多地方。舉例而言，我們可以看到因為 DropDown 只負責「把所有 children」合併為下拉選單，這個元件本身並不強制要使用某個特定元件，所以我們可以很彈性的組合出各種下拉的內容。以此份程式碼來說，你會發現 DropDown 中不只有 DropDown.Item，還使用了 DropDown.Divider，但程式碼並不會因此而出錯，這是因為 DropDown 除了「把所有 children 合併為下拉選單」外不做任何事情。

接著我們由下往上來討論剛剛的架構。DropDown 程式碼雖然不與其他元件相依，但在呈現上仍然需要和其他基本單元組合，才能成為一個正常運作的 UI。這些基本單元就像是原子，仰賴原子的 DropDown 就像是中子，用中子、原子們組成大型導覽列的 NavBar 就像是組織……，以此類推，這種**「以各個獨立的單元組合成各種不同的 UI 元件，再以這些 UI 元件組合成頁面」的概念正是 Atomic Design 的中心思想。**

小結

在實務開發上，前端工程師經常要和 UI 設計師合作像是元件庫這類的設計系統 (Design System)。在規劃和討論階段，導入 Atomic Design 的觀念除了能夠讓程式碼更方便以前端框架維護外，也能促進團隊之間溝通更順暢。

Ch 7-2. 淺談 React.js 專案結構 – 以 React-starter 為例

專案規模變大時，好的檔案結構有助於開發和維護的易讀性。在這一章節中，我們會分析目前在 GitHub 上最受關注、以 React + Redux 為主要架構的 davezuko/react-redux-starter-kit 專案模板，了解他的檔案分類邏輯。

davezuko/react-redux-starter-kit

davezuko/react-redux-starter-kit 雖然是在 React 推出早期時的建立專案模板，目前已經被專案擁有者宣布過時，並建議改用 create-react-app，但仍然是 react 配合 redux 的模板專案中最多 star 的。

參考資料： https：//github.com/davezuko/react-redux-starter-kit

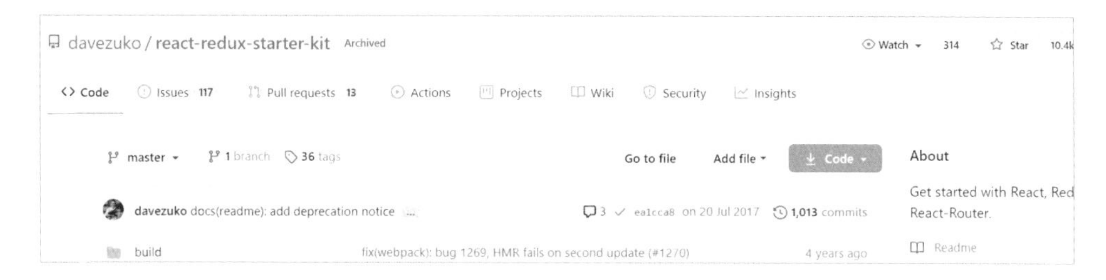

觀察 davezuko/react-redux-starter-kit 的分檔邏輯，可以看到除了基本的拆出元件和資料流外，會發現他們個別又像是「區域變數」和「全局變數」一樣，被劃分成了「共用元件 / 資料」和「頁面元件 / 資料」。

```
/* davezuko/react-redux-starter-kit */

專案
|____build(webpack相關設定)
|____public(打包後檔案)
|____server(開發伺服器檔案)
|____tests(單元測試)
|____src
        |____index.html(程式進入點)
        |____main.js(程式進入點)
        |____styles(放置樣式設定檔案，如.css .sass)
        |
        |____components
        |       |____元件資料夾
        |               |____元件.js(該元件的UI)
        |
        |____Layout(網頁固定樣板的元件檔案)
        |
        |____store(全局資料流)
        |       |____資料.js(定義action和中介層)
        |       |____createStore.js
        |       |____reducers.js
        |
        |____routes
                |____index.js(定義前端路由對應到的頁面元件)
                |____頁面資料夾
                        |____index.js(定義進入頁面時的行為)
                        |____modules(該頁面的非元件檔)
                        |____components(該頁面的UI單元)
                        |       |____元件.js
                        |
                        |____containers(該頁面的容器UI)
                                |____元件.js
```

「共用元件」是指會被多個頁面所使用到的元件，規模小的像是上一章所介紹的原子、中子類別，規模稍微大一點的可能會到組織等。這些共用元件通常不會和任一頁面相依，也就是耦合度較低。「共用元件」又可以再區分為「UI 單元」和「布局容器」。

「頁面元件」則是指和該頁面有強烈耦合度，不是在該頁面則無法使用的元件，做的事情除了是新的 UI 單元外，也有可能是根據該頁面的行為將共用元件進行加工。「頁面元件」一樣可以再區分為「UI 元件」和「容器元件」。

「共用資料」和「頁面資料」的概念和 UI 元件相似。兩者雖然同樣是整合至 Redux 中，但是「頁面資料」只有在該頁面被載入時才會透過專案自製的 injectReducer 讀取。

總結而言，這種分類檔案的方式主要有下列兩個優點。

1. 共用程式的低耦合：

   全局的程式碼不容易因為新增、修改特定頁面導致其他頁面出現錯誤。

2. 頁面程式的高聚合：

   當只有某個頁面出現錯誤需要維護、追縱程式碼時，因為相依的檔案都在同一處，我們可以很清楚地找到目標修改對象。

甚至在規模較大的專案中，我們也可以將這些「共用元件」獨立成一個專案開發，再透過套件管理工具整合至原本的專案中。將「設計系統」、「資料流演算法」和「功能開發」三者獨立開發和維護。

小結

總結而言，專案檔案的分類邏輯並沒有絕對，實務開發上只要根據專案的使用套件、開發團隊的習慣制定出方便維護的統一規範即可。

1

範例

以Context實現To Do List

在了解了基礎的 React 及觀摩開源專案中如何建立一個方便管理的前端專案後，接下來我們將會藉由撰寫一個具有 CRUD 功能 (創建、讀取、修改、刪除) 的 to-do-list， 練習並整合前面所有所學。

我們的 ToDoList 會是以下圖作為 wireframe 基準來實作，並且有兩個分頁，第一個分頁用來在此範例以 context 實現 todolist，第二個分頁會在範例二中用來練習 Redux。

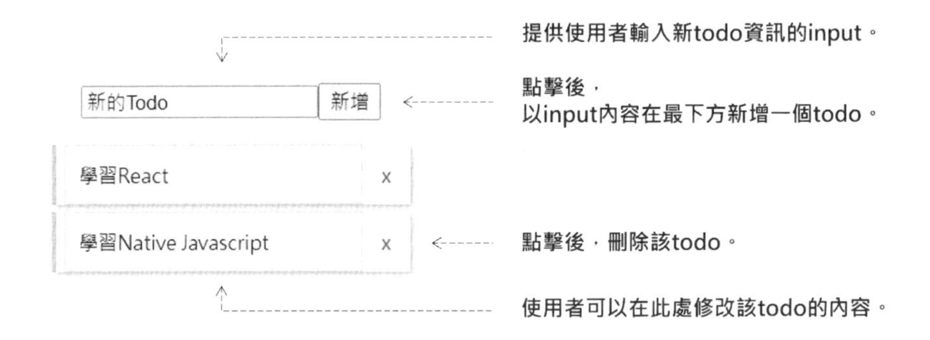

範例的完整程式碼於此連結供讀者參考：

https：//codesandbox.io/s/react-tutorial-to-do-list-2eed2?file=/src/App.js

Step1. 建立專案基礎架構

使用 create-react-app 建立專案後，依據我們在 Ch7 所觀摩的內容，先打造好一個分類專案檔案的機制，以方便未來管理程式碼。這裡的專案結構可以根據個人習慣調整。

```
src
|____components(元件資料夾)
|____context(context資料夾)
|____routes(頁面資料夾)
|____utils(hook資料夾)
|____App.js
|____index.js
```

Step2. 建立 Router 和頁面主元件

在 routes 資料夾底下新增 ToDoPage 資料夾，在 ToDoPage 資料夾建立 ToDoPage.js 和 style.js。我們會把所有這個頁面的 UI 放在 ToDoPage.js 中進行排版。style.js 則是以 styled-component 定義置中樣式。

```
import React from "react";

import { ToDoPageLayout } from "./style";

export default function ToDoPage() {
  return (
    <ToDoPageLayout>

    </ToDoPageLayout>
  );
}
```

```
import styled from "styled-components";

export const ToDoPageLayout = styled.div`
  width: 100%;
  display: flex;
  flex-direction: column;
  align-items: center;
`;
```

由於我們需要前端路由。因此，請在 routes 資料夾底下建立 Router.js 元件。在這個元件中以 react-router-dom 的 hashRouter，定義好 ToDoPage 元件對應到的路徑。

```
import React from "react";
import { Route, Switch, HashRouter } from "react-router-dom";

import ToDoPage from "./ToDoPage/ToDoPage";

export default function Router() {
  return (
    <HashRouter>
      <Switch>
        <Route exact path="/" component={ToDoPage} />
      </Switch>
    </HashRouter>
  );
}
```

最後把 Router.js 引入到 App.js 中，我們的基礎分頁畫面就能正常渲染了。

```
import React from "react;"

import Router from "./routes/Router";

export default function App() {
  return <Router />;
}
```

Step3. 思考如何劃分元件並實踐

在劃分元件上，我們大致可以將一個具有功能的 UI 拆成三種檔案：

1. 組成 UI 的基礎元素
2. UI 的容器
3. 連結資料和 UI (例如：將資料轉為 UI 上對應的 value、onClick 並綁定)

以我們的 to-do-list 為例，我們可以粗略將 wireframe 以下方的模式分為 ListIItem 和 List 後，加上定義 value、onChange、onDelete 的檔案，一共三個部份。

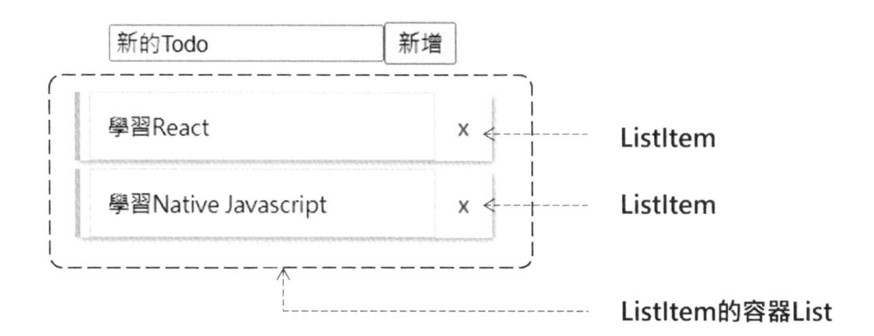

所以，現在請在 components 資料夾下新增 ListItem 資料夾，在裡面新增 ListItem.js 和其樣式檔案 style.js。並以同樣的作法在 components 資料夾下新增 List、在 routes/ToDoPage 資料夾下新增 ToDoList。List 檔案會作為 ListItem 的容器，而 ToDoList 檔案會用來連結資料流和每個 ListItem 和的對應方法、呈現資料。

```
src
|____components
|    |____List
|    |____ListItem
|
|____context
|____routes
|    |____Router.js
|    |____ToDoPage
|         |____ToDoList
|
|____utils
|____App.js
|____utils
```

Step4. 打造 ListItem 和 List

接著，我們要來將 ListItem 的 UI 稿轉化成實際程式碼。在這裡我們之所以先做 UI 程式，而不是先做資料流的原因，是由於在一個前後端分離的開發團隊中，若前後端同時開發，後端的 API 不會馬上做完，而**前端一開始通常能夠撰寫的是 UI 呈現的程式，而不是資料流的處理** (有 mock server 時除外)。

在 ListItem 中，必須要提供「顯示資料」、「修改資料」和「刪除資料」的功能。由於我們前面提到元素的控制方法將由 routes/ToDoPage/ToDoList/ ToDoList.js 注入，所以這裡我們要用 props 來綁定 method 和 value 到 input 和 button 上。

```
import React from "react";

import { ListLayout, ColorBar, Input, ButtonClose } from "./style";

export default function ListItem({ value, onChange, onDelete }) {
  return (
    <ListLayout>
      <ColorBar />
      <Input value={value} onChange={onChange} />
      <ButtonClose onClick={onDelete}> x </ButtonClose>
    </ListLayout>
  );
}
```

而樣式檔案由於是考驗個人的 css 功力，與 React 無關，在此就不多做解釋，僅提供參考的程式碼：

```
import styled from "styled-components";

export const ListLayout = styled.li`
  display: flex;
```

```
  align-items: center;
  width: 250px;
  height: 40px;
  background-color: white;
  border: none;
  outline: none;
  box-shadow: 2px 2px 3.5px rgba(0, 0, 0, 0.3);
  margin-bottom: 5px;
  list-style: none;
`;

export const ColorBar = styled.div`
  height: 100%;
  background-color: #3dc7be;
  width: 4px;
  margin-right: 5px;
`;

export const Input = styled.input`
  border: 1px solid rgba(0, 0, 0, 0.2);
  width: 209px;
  height: 90%;
  padding-left: 10px;
  font-weight: 500;
  font-family: Microsoft JhengHei;
`;

export const ButtonClose = styled.button`
  color: #d81b60;
  width: 36px;
  height: 100%;
  background-color: transparent;
  border: none;
  font-family: Microsoft JhengHei;
  font-weight: 700;
  outline: none;
`;
```

作為 container 的 List 則相對簡單，引入未來要塞入 List 的 children 即可。

```
import React from "react";

import { ListUl } from "./style";

export default function List({ children }) {
  return (
    <div>
      <ListUl> {children} </ListUl>
    </div>
  );
}
```

範例1-7

```
import styled from "styled-components";

export const ListUl = styled.ul`
  padding: 0;
  position: relative;
  width: 250px;
`;
```

至此，List 和 ListItem 的 UI 程式碼就做完了。我們可以先把它們引入 routes/ToDoPage/ToDoList/ ToDoList.js 中測試看看是否有正常運作。

```
import React from "react";

import List from "../../../compoents/List/List";
import ListItem from "../../../compoents/ListItem/ListItem";

export default function ToDoList() {

  return (
    <List>
      <ListItem
            onChange={(e) => {

            }}
            onDelete={(e) => {

            }}
            value={"測試"}
      />
    </List>
  );
}
```

同時也要把 ToDoList 引入上一層的 ToDoPageLayout。

```
import React from "react";

import ToDoList from "./ToDoList/ToDoList";
import { ToDoPageLayout } from "./style";

export default function ToDoPage() {
  return (
    <ToDoPageLayout>
      <ToDoList />
    </ToDoPageLayout>
  );
}
```

如果畫面上有出現一個 input 值為「測試」，和範例開始提供的設計圖相同的 ListItem，就代表這一步成功了。

Step5. 利用 context 建立資料流

在這一步中，我們會利用 context 存放 todolist 的資料，以及定義修改 todolist 的方法。

請在 src/context 資料夾底下建立 ToDoContext.js：

```
src
|____components
|____context
|    |____ToDoContext.js
|
|____routes
|____utils
|____App.js
|____index.js
```

在 ToDoContext.js 中，我們要定義 context 的初始值。根據前面提及的 CRUD 需求，我們的 context 裡面必須要有以下幾個屬性：

1. Todolist 的陣列資料 (Read)
2. 新增 Todolist 的方法 (Create)
3. 修改特定 Todolist 的方法 (Update)
4. 刪除特定 Todolist 的方法 (Delete)

請注意「Todolist 的陣列資料」中，每筆資料都必須要有一個 id，其值必須要唯一、不予其他資料相同 (此處以 Date.now() 為例)。詳細原因請參考第八章的「以 key 避免陣列元件的重複渲染」。而其他方法屬性這邊先給定為空值，我們等等會在引入 context 的地方定義。

```
import { createContext } from "react";

// 為甚麼需要id? 請參考 Ch8 - 以key避免陣列元件的重複渲染

export const initToDo = {
  data: [{ value: "資料一", id: Date.now() }],
  updateToDo: () => {},
  addToDo: () => {},
  deleteToDo: () => {}
};

export default createContext(initToDo);
```

接著就是引入 context 到我們的 React 程式碼中了。請在 src/App.js 中引入剛剛我們建立好的 Context，並以其 Provider 包覆 Router。

```
import React from "react";

import ToDoContext from "./context/ToDoContext";
import Router from "./routes/Router";

export default function App() {
  return (
      <ToDoContext.Provider>
        <Router />
      </ToDoContext.Provider>
  );
}
```

然而目前我們在 context 中的值還不是 state，所以接下來我們要用 React component API 一一綁定 CRUD 的 context。首先，請在 **App.js** 引入 **useState** 後，以 **useState** 建立 **todo** 的陣列資料，綁定至 **Provider** 的 **value**。

請注意因為最終 Provider 的 value 的資料結構，應該要和剛剛我們建立的 context 初始值一致，所以這邊我們 state 的值要綁定至 value 的 data 屬性上。

```
import React, { useState } from "react";

import ToDoContext from "./context/ToDoContext";
import Router from "./routes/Router";

export default function App() {
  const [toDo, setToDo] = useState([{ value: "資料一", id: Date.now() }]);

  return (
      <ToDoContext.Provider value={{ data: toDo }}>
        <Router />
      </ToDoContext.Provider>
  );
}
```

下一步是實踐「新增一個新的 todo 資料至 state 中」的 addToDo 函式，並綁定至 Provider 的 value 上。這邊有兩個地方需要注意：

1. 由於 React state 變數是唯讀的，我們在修改 state 前應該要先複製一份 state，後續都只會修改這份複製的 state，最後再將它傳入 setState 中。

2. 由於要用到 state，**我們必須在 function component 中宣告函式。但是在此狀況下，每一次 component 被重新渲染時，該函式都會被重新定義**。如果需要解決這個問題，請使用 useReducer，或是參考「Ch.8 - 以 useCallback 避免函式不必要的重新定義」章節。

```
import React, { useState } from "react";

import ToDoContext from "./context/ToDoContext";
import Router from "./routes/Router";

export default function App() {
  const [toDo, setToDo] = useState([{ value: "資料一", id: Date.now() }]);

  // 請注意在function component中宣告函式，在沒有使用useCallback下
  // 每一次component被重新渲染時，該函式都會被重新定義

  // create
  const addToDo = (value) => {
      const toDoCopy = [...toDo];
      toDoCopy.push({ value: value, id: Date.now() });
      setToDo(toDoCopy);
  }

  return (
      <ToDoContext.Provider
        value={{
            data: toDo,
            addToDo: addToDo
        }}
      >
        <Router />
      </ToDoContext.Provider>
  );
}
```

而修改特定 todo 的 updateToDo，和刪除特定 todo 的 deleteToDo 也是一樣的做法。分別定義好後綁定至 ToDoContext.Provider 即可。

```
import React, { useState } from "react";

import ToDoContext from "./context/ToDoContext";
import Router from "./routes/Router";

export default function App() {
  const [toDo, setToDo] = useState([{ value: "資料一", id: Date.now() }]);

  // create
  const addToDo = (value) => {
      const toDoCopy = [...toDo];
      toDoCopy.push({ value: value, id: Date.now() });
      setToDo(toDoCopy);
  }

  // update
  const updateToDo = (index, value) => {
      const toDoCopy = [...toDo];
      toDoCopy[index].value = value;
      setToDo(toDoCopy);
  }

  // delete
  const deleteToDo = (index) => {
      const toDoCopy = [...toDo];
      toDoCopy.splice(index, 1);
      setToDo(toDoCopy);
  }

  return (
      <ToDoContext.Provider
        value={{
            data: toDo,
            addToDo: addToDo,
            updateToDo: updateToDo,
            deleteToDo: deleteToDo
        }}
      >
        <Router />
      </ToDoContext.Provider>
  );
}
```

最後，我們回到 src/routes/ToDoPage/ToDoList/ToDoList.js，以 useContext 引入 ToDoContext，測試看看資料是否有被正確傳入 context。

以下方程式碼為例，因為一開始我們把 ToDoContext 定義成一個物件，並把 todo 的資料定義在此物件中的 data 屬性，所以我們可以先以解構賦值引入 data 後，用 console.log 印出 data，檢查 data 的值是否有等於剛剛定義的初始值，即可確認程式碼是否正確。

```
// 引入 useContext
import React, { useContext } from "react";

import List from "../../../compoents/List/List";
import ListItem from "../../../compoents/ListItem/ListItem";

import toDoContext from "../../../context/ToDoContext";

export default function ToDoList() {
  const { data } = useContext(toDoContext);

  // 把data印出來看看是否正確
  console.log(data)

  return (
    <List>
      <ListItem
            onChange={(e) => {

            }}
            onDelete={(e) => {

            }}
            value={"測試"}
      />
    </List>
  );
}
```

Step6. 將資料加工成對應的 UI

請打開 src/routes/ToDoPage/ToDoList/ToDoList.js。現在資料流和 UI 元件都已經完成，我們就能將兩者串聯，讓 UI 能隨著資料的變動呈現。

由於我們定義的 data 是一個陣列，我們就能以 map 將 data 中的個別元素加工成 ListItem 並回傳。**在這邊除了要綁定單一 data 中的 value 外，比較特別的是要把剛剛特別製造的 id，綁定在 ListItem 的「key」這個 props 上。**詳細原因請參考第八章的「以 key 避免陣列元件的重複渲染」。

```
import React, { useContext } from "react";

import List from "../../../compoents/List/List";
import ListItem from "../../../compoents/ListItem/ListItem";

import toDoContext from "../../../context/ToDoContext";

export default function ToDoList() {
  const { data } = useContext(toDoContext);

  return (
    <List>
      {data.map((item, index) => {
          // item的結構是 { id, value }
          // e將會是由ListItem中的input傳遞的事件
          return (
            <ListItem
              onChange={(e) => {

              }}
              onDelete={(e) => {

              }}
              key={item.id}
              value={item.value}
            />
          );
        })}
    </List>
  );
}
```

最後則是將 updateToDo 和 deleteToDo 從 useContext 引入後，綁定至 ListItem 中並給予對應的參數。根據我們先前的定義，updateToDo 需要接收兩個參數： 索引值和新的 todo 內容值，而 deleteToDo 只需要索引值。索引值我們可以透過 map 的第二個參數取得，todo 內容值則是從傳入 onChange 的參數 e 中，透過 e.target.value 取得 input 中當前的輸入值。

```
import React, { useContext } from "react";

import List from "../../../compoents/List/List";
import ListItem from "../../../compoents/ListItem/ListItem";

import toDoContext from "../../../context/ToDoContext";

export default function ToDoList() {
  const { data } = useContext(toDoContext);

  return (
    <List>
      {data.map((item, index) => {
          return (
            <ListItem
              onChange={(e) => {
                updateToDo(index, e.target.value);
              }}
              onDelete={(e) => {
                deleteToDo(index);
              }}
              key={item.id}
              value={item.value}
            />
          );
        })}
    </List>
  );
}
```

做到這一步，我們就完成了 CRUD 當中的 RUD 功能 (讀取、修改、刪除)。當修改 ListItem 的 input 中的資料，存放在 context 中對應位置的資料應該同時也被改變。點擊右側「x」的按鍵，該 todo 則會被刪除。

Step7. 製作用來新增 todo 的 UI

最後我們要把上方「新增 todo」的 UI 做出來。

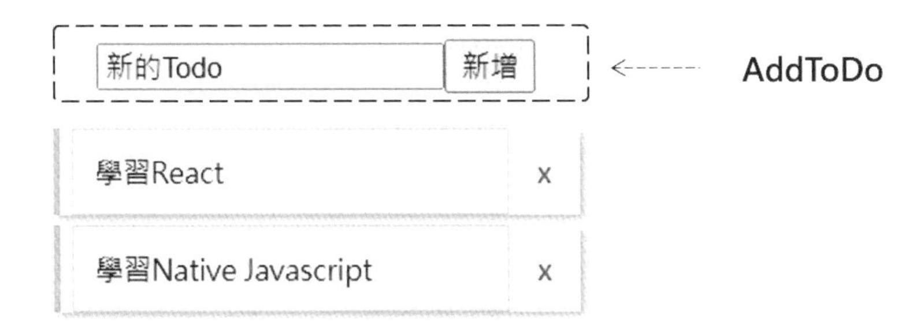

請在 src/routes/ToDoPage 底下新增 AddToDo 資料夾，並在此資料夾中建立 AddToDo.js 檔案。

```
src
|____components
|____context
|____routes
|    |____Router.js
|    |____ToDoPage
|         |____ToDoList
|         |____AddToDo
|
|____utils
|____App.js
|____index.js
```

在 AddToDo.js 中要有一個 input 用來輸入新 todo 的值，以及一個 button，當 button 被點擊後，以 input 中的值新增一個 todo。

```
import React, { useState } from "react";

export default function AddToDo() {
  return (
    <div>
      <input type="text" />
      <button
        onClick={() => {

        }}
      >
        新增
      </button>
    </div>
  );
}
```

並且在 src/routes/ToDoPage/ToDoPage.js 中引入 AddToDo。

```
import React from "react";

import AddToDo from "./AddToDo/AddToDo";
import ToDoList from "./ToDoList/ToDoList";

import { ToDoPageLayout } from "./style";

export default function ToDoPage() {
  return (
    <ToDoPageLayout>
      <AddToDo />
      <ToDoList />
    </ToDoPageLayout>
  );
}
```

由於我們需要一個 state 來綁定 input 中的 value，這樣當使用者點擊 button 後，就能以該 state 值來新增 todo。所以，請在 AddToDo.js 引入 useState，並以解構賦值獲得要綁定在 input 上的 state 和 setState 函式，再綁定至 input 上。

```
import React { useState } from "react";

export default function AddToDo() {
  const [value, setValue] = useState("");

  return (
    <div>
      <input value={value} onChange={(e) => setValue(e.target.value)} />
      <button
        onClick={() => {

        }}
      >
        新增
      </button>
    </div>
  );
}
```

最後就是將 AddToDo 和先前建立的 context 連結了。請引入 useContext 和 ToDoContext，透過解構賦值取得我們先前定義的 addToDo 函式後，將此函式綁定在 button 的 onClick 上。由於先前定義的 addToDo 函式需要一個參數，此參數為「想要新增的 todo 值」，因此，這邊我們就要將剛剛綁定在 input 上的 state 傳入 addToDo 中。

```
import React { useState, useContext } from "react";

import toDoContext from "../../../context/ToDoContext";

export default function AddToDo() {
  const [value, setValue] = useState("");
  const { addToDo } = useContext(toDoContext);

  return (
    <div>
      <input value={value} onChange={(e) => setValue(e.target.value)} />
      <button
        onClick={() => {
            addToDo(value);
        }}
      >
        新增
      </button>
    </div>
  );
}
```

此時雖然當你點擊 button，會發現已經能夠正常新增 todo 了，但新增 todo 後 AddToDo 的 input 中的值，仍然是維持「上一個新增 todo 的值」，這和一般使用者的習慣不同。所以，請在 onClick 中的 addToDo 後呼叫 setState，重新初始化 state 的值。

```
import React { useState, useContext } from "react";

import toDoContext from "../../../context/ToDoContext";

export default function AddToDo( ) {
  const [value, setValue] = useState("");
  const { addToDo } = useContext(toDoContext);

  return (
    <div>
      <input value={value} onChange={(e) => setValue(e.target.value)} />
      <button
        onClick={( ) => {
            addToDo(value);
            // 為了提升UX，清除input中的文字
            setValue("");
        }}
      >
        新增
      </button>
    </div>
  );
}
```

至此，我們就完成了以 context 實現具有 CRUD 的 to-do-list。

Plus. 以 custom hook 抽離資料邏輯

在剛剛的程式碼中存在一個問題： 當你打開 src/App.js，會發現有很大量的程式碼夾雜在 function component 的定義域中，對其他開發者來說不易閱讀。這個時候我們就能透過 custom hook 把「定義 todo 處理邏輯」的部份抽出，讓 src/App.js 只做「綁定 context 的 value」這件事。

請在 src 底下建立 utils 資料夾後，在當中新增 useToDo.js。

```
src
|____components
|____context
|____routes
|____utils
|    |____useToDo.js
|
|____App.js
|____index.js
```

接著在 useToDo.js 中，先建立 useToDo 函式後，將原本 App.js 裡面的：

1. 以 useState 建立 toDo 和 setToDo
2. addToDo 函式的定義
3. updateToDo 函式的定義
4. deleteToDo 函式的定義

這四者搬移到 useToDo 函式中。請記得因為有使用到 useState，在開頭必須要引入。**如果是使用 React 16.x 以下的版本，這裡因為 useToDo 是 hook，不是 React component，所以不需要 import React from "react"**。

最後，我們以一個物件的方式把這四者從 useToDo return 出去，等等就能在 App.js 引入。

```
import { useState } from "react";

export default function useToDo() {
  // read
  const [toDo, setToDo] = useState([{ value: "資料一", id: Date.now() }]);

  // create
  const addToDo = (value) => {
      const toDoCopy = [...toDo];
      toDoCopy.push({ value: value, id: Date.now() });
      setToDo(toDoCopy);
  }
```

```
  // update
  const updateToDo = (index, value) => {
      const toDoCopy = [...toDo];
      toDoCopy[index].value = value;
      setToDo(toDoCopy);
  }

  // delete
  const deleteToDo = (index) => {
      const toDoCopy = [...toDo];
      toDoCopy.splice(index, 1);
      setToDo(toDoCopy);
  }

  // 以物件的方式return出去
  return { toDo, addToDo, updateToDo, deleteToDo };
}
```

最後，我們在 src/App.js 中，引入建立好的 useToDo 後，透過解構賦值取得剛剛搬移到 useToDo 的四個資料，就能在和先前一樣的方式運作的同時，讓 src/App.js 只負責「設定 Provider」這個工作，讓程式碼更加簡潔。

```
import React from "react";
import ToDoContext from "./context/ToDoContext";
import Router from "./routes/Router";

// 引入useToDo
import useToDo from "./utils/useToDo";

export default function App() {
  // 將ToDoList的運作邏輯封裝在custom hook中
  // 這樣的做法除了方便重複利用，也能避免 App.js中出現過多程式碼
  const { toDo, addToDo, updateToDo, deleteToDo } = useToDo();

  return (
      <ToDoContext.Provider
        value={{
          data: toDo,
          updateToDo: updateToDo,
          addToDo: addToDo,
          deleteToDo: deleteToDo
        }}
      >
        <Router />
      </ToDoContext.Provider>
  );
}
```

2 範例

以Redux實現To Do List

在範例一，我們使用了 React 原生的 context api 從頭打造了 to-do-list，然而在先前的介紹中，我們提到了目前業界最被廣為使用的狀態管理工具仍然是 Redux。在這個範例中，我們會回到範例一的資料流步驟，將範例一的程式碼以 React-Redux 改寫。

範例的完整程式碼於此連結供讀者參考：

https：//codesandbox.io/s/react-tutorial-to-do-list-2eed2 ？ file=/src/App.js

Step 0. 環境設定

請透過以下指令安裝 redux 和為 React 打造的 react-redux。

```
npm i redux react-redux
```

Step 1. 專案結構調整

請在 src 底下新增 redux 資料夾，並在裡面新增 actions 和 reducers 資料夾。我們將會在這兩個資料夾分別以變數管理 action 的 type 字串，和設定修改 state 的規則。

```
src
|____components
|____context
|____redux
|    |____actions(以變數管理action type字串)
|    |     |____toDoAction.js
|    |
|    |____reducers(定義修改state的規則)
|    |     |____toDoReducer.js
|    |
```

```
|    |____store.js(將reducer和redux相連)
|
|____routes
|____utils
|____App.js
|____index.js
```

Step 2. 以變數定義、管理 action

請在 src/redux/actions 資料夾中新增 toDoAction.js，並以變數定義、輸出我們修改 to-do-list 所需要的三個方法對應到的字串：ADD、UPDATE 和 DELETE。

```
export const ADD_TO_DO = "ADD_TO_DO";
export const UPDATE_TO_DO = "UPDATE_TO_DO";
export const DELETE_TO_DO = "DELETE_TO_DO";
```

Step 3. 建立 reducer 並定義修改 state 的方法

請在 src/redux/reducers 資料夾中新增 toDoReducer.js。先建立、輸出一個 reducer 函式後，以變數建立 to-do-list 的初始值，並將其指定給 reducer 函式中第一個參數，初始化 state。

```
// to-do-list的初始值
const initToDo = [{ value: "資料一", id: Date.now() }];

export default function toDoReducer(state = initToDo, action) {

}
```

接著，我們要引入剛剛以變數建立好的 action 字串，並以 switch 語法分隔出不同字串對應到的修改方法區域。請注意之後 redux 傳入 action 的參數，就會是我們傳入 dispatch 函式的參數。開發上通俗習慣會以下圖的資料結構分別傳遞 action type 字串和參數。

```
{ type: action字串, payload: 參數 }

// 在呼叫dispatch時
dispatch({ type: action字串, payload: 參數 });
```

所以在 reducer 中，我們就能以解構賦值從傳入 reducer 的第二個參數，取得 type 和 payload。同時因為 JS 的陣列是類似 call by reference 的特性，一般都會先複製一份 state 後再去對此複製 state 做修改，回傳新的 state。

```
import {
  ADD_TO_DO,
  UPDATE_TO_DO,
  DELETE_TO_DO
} from "../actions/toDoActions";

const initToDo = [{ value: "資料一", id: Date.now() }];

export default function toDoReducer(state = initToDo, action) {
  // 從action中依照先前定義的資料結構取得參數
  const { type, payload } = action;

  // 由於JS的array為類call by ref的形式，先複製一份再修改
  const stateCopy = [...state];

  switch (type) {
    case ADD_TO_DO:

      return stateCopy;

    case UPDATE_TO_DO:

      return stateCopy;

    case DELETE_TO_DO:

      return stateCopy;

    default:
      return state;
  }
}
```

範例2-4

最後根據不同的修改規則填入對應的運算即可。**請注意在新增 toDo 的時候必須要給新的 toDo 一個獨立的 id**，詳細原因請參考第八章的「以 key 避免陣列元件的重複渲染」。

另外，在這邊時讀者也要思考自己需要傳入什麼資料給 payload。以下方本書提供的範例程式而言，在 update 時我們會需要傳入 index 和 value 給 payload，等等在元件中使用 dispatch 時就要記得傳入相同結構的資料。

```
import {
  ADD_TO_DO,
  UPDATE_TO_DO,
  DELETE_TO_DO
} from "../actions/toDoActions";

const initToDo = [{ value: "資料一", id: Date.now() }];

export default function toDoReducer(state = initToDo, action) {
  const { type, payload } = action;
  const stateCopy = [...state];

  switch (type) {
    case ADD_TO_DO:
      // id是為了避免陣列元素不必要的渲染
      const itemNew = { value: payload.value, id: Date.now() };
      stateCopy.push(itemNew);
      return stateCopy;

    case UPDATE_TO_DO:
      stateCopy[payload.index].value = payload.value;
      return stateCopy;

    case DELETE_TO_DO:
      stateCopy.splice(payload.index, 1);
      return stateCopy;

    default:
      return state;
  }
}
```

Step 5. 以 store 和 Provider 連接 reducer、redux 和 React

請在 src/redux 資料夾建立 store.js，在這個檔案中，我們分別從 redux 引 createStore 函式、從專案中引入 toDoReducer 後，將 toDoReducer 傳入 createStore 並輸出。

```
import { createStore } from "redux";

import toDoReducer from "./reducers/toDoReducer";

export default createStore(toDoReducer);
```

接著就是把 store 和 redux、React 連結了。回到 src/App.js。分別從 react-redux 引入 Provider、從專案中引入剛剛建立好 的 store 後，先以 Provider 包覆 return 中的 Router，再把 store 賦予 Provider 的 store。這樣一來，store 中的 state 就能被 Router 中任何一層級的 component/hook 使用。

```
import React from "react";

import ToDoContext from "./context/ToDoContext";
import Router from "./routes/Router";

import useToDo from "./utils/useToDo";

// Redux相關設定
import { Provider } from "react-redux";
import store from "./redux/store";

export default function App() {
  const { toDo, addToDo, updateToDo, deleteToDo } = useToDo();

  // 綁定store至Provider
  return (
    <Provider store={store}>
      <ToDoContext.Provider
        value={{
          data: toDo,
          updateToDo: updateToDo,
          addToDo: addToDo,
          deleteToDo: deleteToDo
        }}
      >
        <Router />
      </ToDoContext.Provider>
```

```
    </Provider>
  );
}
```

Step 6. 建立 ToDo 相關 UI 元件

在這裡比較特別的是因為希望可以讓讀者觀察 context 和 redux 的差別，本書範例會直接新增一個頁面 ToDoPageRedux，而不是修改原本的 ToDoPage。但是 ToDoPageRedux 中所有的結構、程式碼都和原本的 ToDoPage 相同，只會針對 redux 的部分作修改。

```
src
|____components
|____context
|____redux
|____routes
|    |____Router.js
|    |____ToDoPage
|    |____ToDoPageRedux
|        |____AddToDo
|        |____ToDoList
|
|____utils
|____App.js
|____index.js
```

```
import React from "react";
import { Route, Switch, HashRouter } from "react-router-dom";

import ToDoPage from "./ToDoPage/ToDoPage";
import ToDoPageRedux from "./ToDoPageRedux/ToDoPageRedux";

export default function Router() {
  return (
    <HashRouter>
      <Switch>
        <Route exact path="/" component={ToDoPage} />
        <Route path="/redux" component={ToDoPageRedux} />
      </Switch>
    </HashRouter>
  );
}
```

Step 7. 在 ToDoList 中讀取 Redux 的 state 值

在 src/routes/ToDoPageRedux/ToDoList/ ToDoList.js 中，我們先移除 context 相關引入後，從 react-redux 引入 useSelector。並在 ToDoList 定義域中透過 useSelector，取得我們放在 redux 中的 state。由於我們的 state 並沒有複雜的巢狀結構，在這邊傳入 useSelector 選取 state 的函式只要將參數 state 直接回傳即可。

最後就是和前面相同，將取出的 state 以 map 加工成 ListItem。此時 redux 中的初始資料，應能和先前範例一中以一模一樣的方式顯示。

```
import React from "react";

import { useSelector } from "react-redux";

import List from "../../../compoents/List/List";
import ListItem from "../../../compoents/ListItem/ListItem";

export default function ToDoList() {
  const data = useSelector((state) => state);

  return (
    <List>
      {data.map((item, index) => {
          return (
            <ListItem
              onChange={(e) => {

              }}
              onDelete={(e) => {

              }}
              key={item.id}
              value={item.value}
            />
          );
        })}
    </List>
  );
}
```

Step 8. 在 ToDoList 中修改 Redux 的 state 值

接下來我們要將修改to-do的方法和ListItem連結。這邊我們要做的事情有：

1. 從 react-redux 引入 useDispatch
2. 從專案中引入剛剛定義好的修改、刪除所對應到的 action 字串
3. 在 ToDoList 中從 useDispatch 取得 dispatch 函式
4. 將 dispatch 綁定至 ListItem 的 onChange 和 onDelete，並給予對應的參數

這裡需要注意的是，根據剛剛我們在 reducer 定義的規則，修改 to-do 和刪除 to-do 時，應該要給予 dispatch 的資料結構必須和下圖相同。

```
dispatch({
    type: UPDATE_TO_DO,
    payload: {
        index: 要修改的to-do索引值,
        value: 新的to-do內容
    }
});

dispatch({
    type: DELETE_TO_DO,
    payload: {
        index: 要刪除的to-do索引值,
    }
});
```

```
import React from "react";

import { useSelector, useDispatch } from "react-redux";

import List from "../../../compoents/List/List";
import ListItem from "../../../compoents/ListItem/ListItem";

import {
  UPDATE_TO_DO,
  DELETE_TO_DO
} from "../../../redux/actions/toDoActions";


export default function ToDoList() {
  const data = useSelector((state) => state);
  const dispatch = useDispatch();

  return (
    <List>
      {data.map((item, index) => {
          return (
            <ListItem
              onChange={(e) => {
                dispatch({
                  type: UPDATE_TO_DO,
                  payload: {
                    index: index,
                    value: e.target.value
                  }
                });
              }}
              onDelete={(e) => {
                dispatch({
                  type: DELETE_TO_DO,
                  payload: {
                    index: index
                  }
                });
              }}
              key={item.id}
              value={item.value}
            />
          );
        })}
    </List>
  );
}
```

到這一步結束後，我們的 to-do-list 就能在 redux 架構下具有讀取、修改、刪除資料的功能。

Step 9. 以 Redux 修改 AddToDo

在 src/routes/ToDoPageRedux/AddToDo/AddToDo.js 中，我們先移除 context 相關引入後，從 react-redux 引入 useDispatch，從專案引入剛剛建立好新增 to-do 的 action 變數，並在 AddToDo 中取出 useDispatch 提供的 dispatch 函式。

```
import React, { useState } from "react";

import { useDispatch } from "react-redux";
import { ADD_TO_DO } from "../../../redux/actions/toDoActions";

export default function AddToDo() {
  const [value, setValue] = useState("");
  const dispatch = useDispatch();

  return (
    <div>
      <input value={value} onChange={(e) => setValue(e.target.value)} />
      <button
        onClick={() => {

          // 為了提升UX，清除input中的文字
          setValue("");
        }}
      >
        新增
      </button>
    </div>
  );
}
```

最後就是在 onClick 中呼叫 dispatch 函式了。請注意根據先前範例定義的規則，這邊我們傳入 dispatch 的 payload 是一個具有 value 屬性的物件，value 屬性對應到的就是 input 中的 value。

```
import React, { useState } from "react";

import { useDispatch } from "react-redux";
import { ADD_TO_DO } from "../../../redux/actions/toDoActions";

export default function AddToDo() {
  const [value, setValue] = useState("");
  const dispatch = useDispatch();

  return (
    <div>
      <input value={value} onChange={(e) => setValue(e.target.value)} />
      <button
        onClick={() => {
          dispatch({
            type: ADD_TO_DO,
            payload: { value: value }
          });
          // 為了提升UX，清除input中的文字
          setValue("");
        }}
      >
        新增
      </button>
    </div>
  );
}
```

Plus. 觀察效能差異

到這一步，我們的 to-do-list 已經能和範例一中，以 context 建立的 to-do-list 有相同的功能。現在，你可以試著打開 React 開發者工具中的效能監測，開啟錄製後，進行修改或刪除下方的 to-do-list。**比較兩者的差異，應該會發現在「修改」或「刪除」時，Redux 版本不會重新渲染上方的** AddToDo，而 Context 版本則重新渲染了上方的 AddToDo。這是因為透過 useDispatch 取得的 dispatch 函式是不會改變的，而原本使用 context 的版本，因為 addToDo 函式和 toDo 資料置於同一 context 內，所以當 toDo 資料被改變時，React 也會強制渲染透過 context 引入 addToDo 函式的元件。

8

CHAPTER

React 進階 - 效能處理

在 React 中，除了 Context API 會強制渲染引入 Context 的元件，在一開始我們也在介紹 React function component 時，提到每一次當元件要重新渲染，React 都會重新呼叫整個 function component 的函式定義域。這兩者衍伸出了相當多的效能問題，也是許多非 React 開發者討厭 React 的原因之一。

我們將在這個章節討論如何透過 React 原生方法來解決這些問題。

Ch 8-1. 以 useMemo 避免不必要的運算

初學者在使用 function component 時，每當遇到「需要加工計算 state」的狀況，經常會寫出像以下內容的程式碼：

```
import React, { useState } from "react";

function Caculator(){
    const [data, setData] =  useState('');
    const [number, setNumber] = useState(2);

    const calcSquareOfNumber = () => {
        console.log("我又計算了一次!");
        return number * number;
     });

    return (
      <div>
          <input
            type = "text"
            value = {data}
            onChange={(e)=> setData(e.target.value)}
          />
          <input
            type = "number"
            value = {number}
            onChange={(e)=> setNumber(e.target.value)}
          />
          <p>{`目前的number平方: ${calcSquareOfNumber}`}</p>
      </div>
    );
};

export default Caculator;
```

乍看之下雖然沒有甚麼問題，然而當你實際操作這個 U I，你會發現一個奇怪的現象： **當你修改 data 的值時，即使 number 的值沒有被修改，console 面板上仍然印出了 calcSquareOfNumber 被重新執行的訊息**。這是因為我們將「執行 calcSquareOfNumber 的回傳值」 顯示於 return 的 JSX 中，這導致每次 Caculator 更新時，React 都會重新執行一次 calcSquareOfNumber 函式，以取得其回傳值。

如果今天 calcSquareOfNumber 是一個需要耗費大量資源的函式，就會對我們的程式造成不必要的效能問題。這個時候我們就必須要使用 React 提供的效能處理 hook – useMemo 來解決。

useMemo

useMemo 是一個「用來記憶計算結果」的 React hook。它的語法和 useEffect 很像，第一個參數是一個「需要有回傳值的函式」，第二個參數和 useEffect 一樣是一個存放相依 state/props 的 array。

```
const calcRes = useMemo(函式,[相依變數])
```

useMemo 會把上次函式的回傳值記憶起來，當元件被更新、但第二個參數 array 中的 state/props 沒有被改變時，useMemo 就不會再執行一次函數，而是直接把上一次記憶的回傳值丟出去。

我們可以利用 useMemo，避免「執行過程需要花費大量資源的函式」被非必要的執行。例如在剛剛的 case 中，就能用 useMemo 告訴 React 要把加工完的 calcSquareOfNumber 記起來。讓 React 在 number 沒有被改變的時候，不要執行 calcSquareOfNumber 這個函式。

```
import React, { useState, useMemo } from "react"; // 引入useMemo

function Caculator(){
    const [data, setData] =  useState('');
    const [number, setNumber] = useState(2);

    const calcSquareOfNumber = useMemo(() => { //以useMemo去記憶計算結果
        console.log("我又計算了一次!");
        return number * number;
     },[number]);

    return ( // 請注意calcSquareOfNumber不再是函式，而是函式計算的結果
      <div>
          <input
            type = "text"
            value = {data}
            onChange={(e)=> setData(e.target.value)}
          />
          <input
            type = "number"
            value = {number}
            onChange={(e)=> setNumber(e.target.value)}
          />
          <p>{`目前的number平方: ${calcSquareOfNumber}`}</p>
      </div>
    );
};

export default Caculator;
```

以 useMemo 來處理 useContext 的效能問題

利用 useMemo「偵測相依變數是否改變後才去決定是否執行函式」的特性，我們就能用來解決 useContext 所產生的效能問題。作法是：

1. 把原先 JSX 的部份移入 useMemo 中，return 值改為 useMemo 回傳值
2. 把該元件有用到的 context 資料放入 useMemo 的第二個相依 array 中

如此一來 useMemo 就只會在有用到的 context 值被改變時，才會去重新加工製造 JSX 元素。我們可以在 useMemo 的加工函式中放入 console.log 來確認這件事情：

```
import React, { useContext, useMemo } from "react";

import { LoginContext } from '../../context/LoginContext';

function Account(){
    const { accountContext, loginDispatch } = useContext(LoginContext);

    return useMemo(()=>{
        console.log("account被重新渲染了");
        return (
            <div>
                <input
                    type="text"
                    value={accountContext}
                    onChange={(e)=>{
                        loginDispatch({
                          type: 'SET_ACCOUNT',
                          value: e.target.value
                        })
                    }}
                />
                <div>目前account:{accountContext}</div>
            </div>
    )},[accountContext, loginDispatch]);
};

export default Account;
```

```
import React, { useContext, useMemo } from "react";

import { LoginContext } from '../../context/LoginContext';

function Password(){
    const { passwordContext, loginDispatch } = useContext(LoginContext);

    return useMemo(()=>{
        console.log("password被重新渲染了");
        return(
            <div>
                <input
                    type="text"
                    value={passwordContext}
                    onChange={(e)=>{
                        loginDispatch({
                          type: 'SET_PASSWORD',
                          value: e.target.value
                        })
                    }}
                />
                <div>目前password:{passwordContext}</div>
            </div>
```

```
        )
    },[passwordContext, loginDispatch]);
};

export default Password;
```

然而需要注意的是，由於需要讓程式去記憶上一次的值，useMemo 本身還是會花費一些資源。所以即使可以避免 context 產生的不必要渲染，在開發上仍然不應該濫用 context 和 useMemo 的組合。

Ch 8-2. 以 React.memo 避免不必要的渲染

在 React 中，每當元件的 props 或是 state 被改變，該元件就會被重新渲染。**然而當元件中包含了多個子元件、但被改變的 state/props 只和部份的子元件有關係時，就會讓和該 state/props 無關的子元件產生不必要的重新渲染。**

例如，下方的 Caculator 中，NumberDisplay 只和 number 和 setNumber 有關，但是當你輸入資料修改 Caculator 中的 data 時，會發現 NumberDisplay 也被重新渲染了。

```
import React, { useState } from "react";
import NumberDisplay from "./NumberDisplay";

function Caculator(){
    const [data, setData] =  useState('');
    const [number, setNumber] = useState(2);

    return (
      <div>
          <input
            type = "text"
            value = {data}
            onChange={(e)=> setData(e.target.value)}
          />
          <NumberDisplay number={number} setNumber={setNumber}/>
      </div>
    );
};

export default Caculator;
```

```
import React, { useMemo } from "react";

function NumberDisplay({ number, setNumber }){

    const calcSquareOfNumber = useMemo(( ) => {
        console.log("我又計算了一次!");
        return number * number;
     },[number]);

    return (
      <>
          <input
            type = "number"
            value = {number}
            onChange={(e)=> setNumber(e.target.value)}
          />
          <p>{`目前的number平方: ${calcSquareOfNumber}`}</p>
      </>
    );
};

export default NumberDisplay;
```

此時當你打開效能檢測工具，會顯示 NumberDisplay 被重新渲染的原因是其父元件被重新渲染。

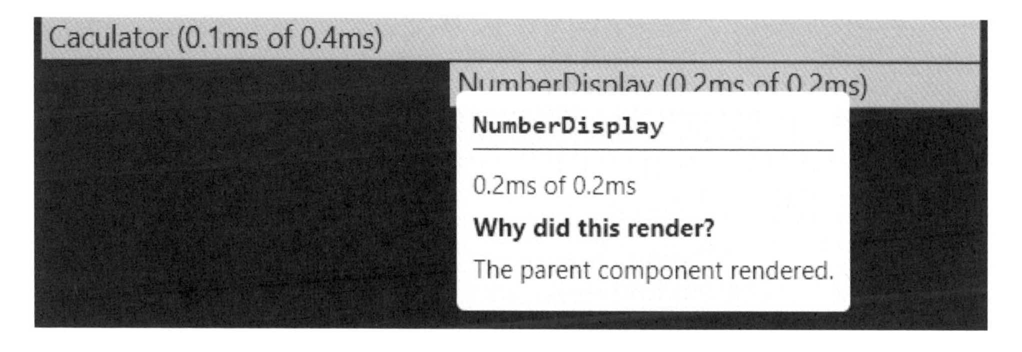

要解決這個問題，我們需要一個「會幫我們檢查需不需要改變子元件」的中介層。

React.memo

memo 就是 React 提供的「會幫我們檢查元件需不需要重新渲染」的中介層的一個 HOC。關於 HOC(High Order Component) 的概念，可以參考本書中 4-6 的說明。

被 memo 產生出的新元件會記憶住上一次元件的 props 值，**當父元件被重新渲染，子元件沒有變動、但父元件又想要渲染它時，memo 會去比較該子元件的 props 有沒有和前一次記憶的結果不同，如果有才重新渲染該子元件。**

語法相當簡單，引入 memo 後，在最後輸出元件的地方將原始元件傳入 memo，就能獲得具有記憶 props 功能，避免不必要渲染的新元件。

```
import React, { memo, useMemo } from "react"; // 引入memo

function NumberDisplay({ number, setNumber }){

    const calcSquareOfNumber = useMemo(() => {
        console.log("我又計算了一次!");
        return number * number;
     },[number]);

    return (
      <>
          <input
            type = "number"
            value = {number}
            onChange={(e)=> setNumber(e.target.value)}
          />
          <p>{`目前的number平方: ${calcSquareOfNumber}`}</p>
      </>
    );
};

export default memo(NumberDisplay); //將元件傳入memo中，獲得會記憶舊props的新元件
```

以 React.memo 來處理 useContext 的效能問題

利用 memo「偵測 props 是否改變後才去決定是否重新渲染元件」的特性，我們就能用來解決 useContext 所產生的效能問題。作法是：

1. 新增一層「純用來引入 context」的父元件。在此父元件中，引入原先的子元件，將 context 以 props 傳遞給原本的元件
2. 在原先的元件裡，把原 context 資料，改成接收父元件傳遞下來的 props
3. 以 memo 包覆原先的元件

```
import React, { useContext } from "react";

import Account from './Account';
import Password from './Password';
import { LoginContext } from '../../context/LoginContext';


function LoginForm(){
    const {
        accountContext,
        passwordContext,
        loginDispatch,
    } = useContext(LoginContext);

    return (
        <div>
            <Account
              accountContext={accountContext}
              loginDispatch={loginDispatch}
            />
            <br/>
            <Password
              passwordContext={passwordContext}
              loginDispatch={loginDispatch}
            />
        </div>
    );
};

export default LoginForm;
```

```
import React, { useContext, memo } from "react";

// 改從props去接收LoginForm傳下來的context
function Account({ accountContext, loginDispatch }){
    return (
        <div>
            <input
                type="text"
                value={accountContext}
                onChange={(e)=>{
                    loginDispatch({
                      type: 'SET_ACCOUNT',
                      value: e.target.value
                    })
                }}
            />
            <div>目前account:{accountContext}</div>
        </div>
    );
};

// 用memo包覆元件
export default memo(Account);
```

```
import React, { useContext, memo } from "react";

// 改從props去接收LoginForm傳下來的context
function Password({ passwordContext, loginDispatch }){
    return (
        <div>
            <input
                type="text"
                value={passwordContext}
                onChange={(e)=>{
                    loginDispatch({
                      type: 'SET_PASSWORD',
                      value: e.target.value
                    })
                }}
            />
            <div>目前password:{passwordContext}</div>
        </div>
    );
};

// 用memo包覆元件
export default memo(Account);
```

請注意和「useMemo 與 context 的組合」相同的是，由於會需要記憶過去的 props，memo 一樣會花費一些資源。所以無論是 useMemo 與 context，或是 memo 和 context 的組合，在開發時都不應該濫用，應以拆分 context 或是改用 react-redux 為優先考量。

Ch 8-3. 以 useCallback 避免函式不必要的重新定義

在前一章，我們使用了 memo 來避免不必要的渲染。然而 Javascript 是一個比較特殊的語言，在函式這類物件型態時，是使用 reference 做為比較的基準，而不是定義的內容。關於 reference 可以參考本書中 4-6 的說明。

因此，當我們在父元件定義函式、傳遞給 memo 後的子元件，在父元件被重新渲染時，即使函式的定義內容不變，但因為「建立函式」的這個過程被重新執行，函式 **reference** 被改變，**memo** 在比較 **props** 的階段會認定該函式被更新，所以 **memo** 子元件仍然會產生不必要的渲染。

例如，我們在 Caculator 定義要綁定給 NumberDisplay 中 input 的 onClick：

```
import React, { useState, useCallback } from "react";
import NumberDisplay from "./NumberDisplay";

function Caculator(){
    const [data, setData] =  useState('');
    const [number, setNumber] = useState(2);

    // 將原先NumberDisplay中的onClick方法定義在這邊
    const setNumberByValue = function(e){
      setNumber(e.target.value);
    }

    return (
      <div>
          <input
            type = "text"
            value = {data}
            onChange={(e)=> setData(e.target.value)}
          />
          <NumberDisplay
            number={number}
            setNumberByValue={setNumberByValue}
          />
      </div>
    );
};

export default Caculator;
```

```
import React, { memo, useMemo } from "react";

function NumberDisplay({ number, setNumberByValue }){

    const calcSquareOfNumber = useMemo(() => {
        console.log("我又計算了一次!");
        return number * number;
     },[number]);

    return (
      <>
          <input
            type = "number"
            value = {number}
            onChange = {setNumberByValue}
          />
          <p>{`目前的number平方: ${calcSquareOfNumber}`}</p>
      </>
    );
};

export default memo(NumberDisplay);
```

實際執行並觀察效能檢測工具，會發現 React 認定 setNumberByValue 這個函式被改變了。

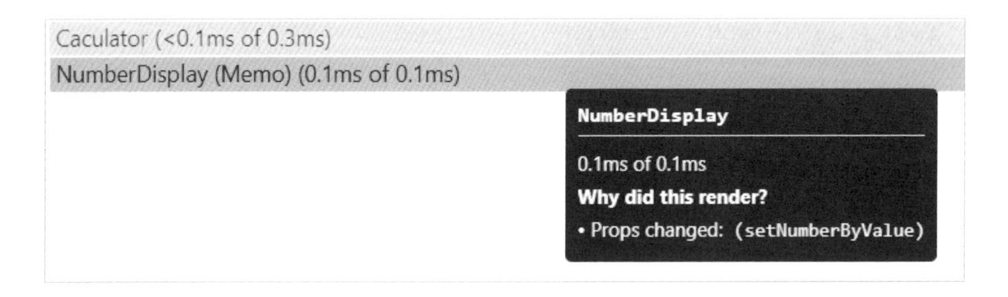

useCallback

useCallback 就是能夠用來解決這件事情的 React hook。它很像是「專為函式定義用的 useRef」，**可以幫我們確保函式在第二個參數相依 state/props 沒有被改變時，不會被重新定義，也就是 reference 不變**。

它的語法跟 useMemo 很像，差別是 useCallback 回傳的是函式本身，傳入 useCallback 的函式並不會被馬上執行，也不需要一定要有回傳值：

```
const func = useCallback(定義函式,[相依變數]);
```

回到一開始的範例，由於 setNumberByValue 這個函式不與任何 state/props 相依，我們只要這樣寫就能避免讓 setNumberByValue 導致 NumberDisplay 產生非必要的重複渲染。

```
import React, { useState, useCallback } from "react"; // 引入useCallback
import NumberDisplay from "./NumberDisplay";

function Caculator(){
    const [data, setData] =  useState('');
    const [number, setNumber] = useState(2);

    // 改使用useCallback來定義setNumberValue
    const setNumberByValue = useCallback((e)=> {
      setNumber(e.target.value);
    }, []);

    return (
      <div>
          <input
            type = "text"
            value = {data}
            onChange={(e)=> setData(e.target.value)}
          />
          <NumberDisplay
            number={number}
            setNumberByValue={setNumberByValue}
          />
      </div>
    );
};

export default Caculator;
```

useCallback 和 useRef 的比較

同樣是確保 reference 不變，useCallback 和 useRef 的差別在哪裡呢？

useRef 在我們沒有特別處理的情況下，其定義內容是不會自動隨著 state/props 改變的，但 useCallback 可以讓我們用第二個參數，來設定哪些東西被改變時，要去重新定義函式。

以本篇的例子來說，如果我們在 setNumberByValue 呼叫 setNumber 前印出 number 的值，並以 useRef 實作：

```
const setNumberByValue = useRef((e)=> {
  console.log(`改變前的number為: ${number}`)
  setNumber(e.target.value);
});
```

你會發現上面這個函式永遠只會印出 number 在第一次渲染的初始值。這是因為 number 的值在定義函式時，原始值就被填進去了，之後由於我們沒有去特別更新 useRef 的 ref.current，所以函式中定義內容的 number 值始終沒有被改變。

這個時候改成使用 useCallback 的實作方法如下：

```
const setNumberByValue = useCallback((e)=> {
  console.log(`改變前的number為: ${number}`)
  setNumber(e.target.value);
}, [number]);
```

此時你就會發現函式印出來的值跟 number 當下的值一樣了。不過也因為定義被改變了，這個時候 NumberDisplay 的重新渲染就不可避免。

另外，在定義 setTimeout、addEventListener 這類函式中的 callback function 時，如果 callback function 定義內容和 props/state 無關，使用 useCallback 來定義 callback function 可以在閱讀語意上更明確。但當 callback function 定義內容和 props/state 有關時，則應該使用 useRef 搭配 useEffect 來適時的 clearTimeout、removeEventListener 並重新定義 callback function 內容。

useCallback 和 useMemo 的比較

由於 useMemo 是用來記憶函式的回傳值，**當傳入 useMemo 的函式的回傳值也是一個函式時，就等於是 useCallback**。例如剛剛用來比較 useRef 和 useCallback 的 setNumberValue，以 useMemo 實作的寫法如下：

```
const setNumberByValue = useMemo(() => {
  return (e)=> {
        console.log(`改變前的number為: ${number}`);
        setNumber(e.target.value);
    }
}, [number]);
```

但建議實際開發上仍是以 useCallback，作為避免函式重新定義的主要解決方案，以助於提升程式碼的可讀性。

Ch 8-4. 以 key 避免陣列元件的重複渲染

在撰寫 JSX 程式時，經常會遇到將陣列資料加工成陣列元件的情況。例如，以下程式碼就是在實現將 listArray 加工成 MenuItem 陣列：

```
import React, { useState } from 'react';
import MenuItem from './MenuItem';

function MenuList (){
    const [listArray, setListArray] = useState(["A","B","C","D"]);

    return (
        <div>
            <ul>
                {listArray.map(
                    (list)=> <MenuItem>{list}</MenuItem>
                )}
            </ul>
        </div>
    );
};

export default MenuList;
```

```
import React, { memo } from 'react';

function MenuItem(props){
    return  <li>{props.children}</li>;
});

export default memo(MenuItem); // 用memo避免被覆元素觸發不必要渲染
```

然而此時當你打開 console 面板，會發現跳出了以下警告：

```
Warning: Each child in a list should have a unique "key" prop
```

陣列元素的重複渲染問題

為了理解為什麼會有這個警告，現在我們先在 **MenuList** 中新增一個按鍵，其功能是在按下去之後，讓「用來製造 MenuItem 的 state」的最前面新增一筆資料。

```
import React, { useState } from 'react';
import MenuItem from './MenuItem';

function MenuList (){
    const [listArray, setListArray] = useState(["A","B","C","D"]);
    return (
        <div>
            <ul>
                {listArray.map(
                    (list)=> <MenuItem>{list}</MenuItem>
                )}
            </ul>
            <button
                onClick={
                    ()=> setListArray([Math.random()].concat(listArray))
                }>
                從最前方新增元素
            </button>
        </div>
    );
};

export default MenuList;
```

接著開啟 dev tool 的 Profile 後，按下這個新增用的按鍵，接著你會看到所有的 MenuItem 都被重新渲染了，其原因是 children 被改變。

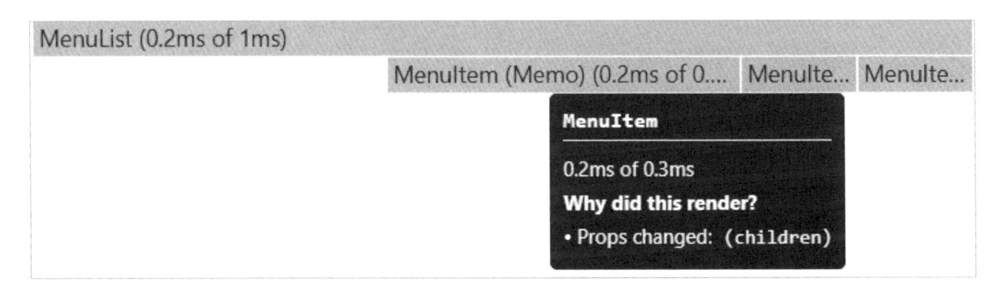

明明只有第一個元素被改變，為什麼 React 會認為所有的元素都改變了呢？

這是因為 React 預設是以索引位置來辨識陣列中的元素。當固定索引上的元素被改變時，React 會認為其製造出來的陣列元素需要被改變。以剛剛的例子而言，每個元件的索引值都往後 1 了。所以雖然除了在開頭新增了一個元件外，其他元件都沒有被改變，不應該被重新渲染，但對 React 而言，因為每個索引位置對應到的元素都不一樣，所以都應該要重新渲染。

以下表為例，在最前方插入 Z 後，新的索引位置 1 對應到的元件從 B 變成 A，所以 React 會重新渲染他，2 對應到的元件從 C 變成 B……，以此類推 A~D 都會重新渲染。

舊 -> id	新 -> id
A -> 0	Z -> 0
B -> 1	A -> 1
C -> 2	B -> 2
D -> 3	C -> 3
	D -> 4

用 key 讓 React 認得陣列中的元件

key 是 React 讓開發者告訴程式如何辨識陣列元件、決定是否要重新渲染的工具，如同上一段所言，在沒有給定 **key** 值的情況下，**React** 是以陣列索引值當作 **key** 預設值。當陣列被改變，React 會去比較「同 key 值的元件」和上次渲染時的值一不一樣，不一樣的時候才會重新渲染該元件。以下表為例，因為 a、b、c、d 對應到的值都和前一次一樣，所以 React 不會重新渲染他們。

舊 -> id	新 -> id
A -> a	Z -> z
B -> b	A -> a
C -> c	B -> b
D -> d	C -> c
	D -> d

在開發時，我們應該要在建立資料時，給定陣列元素一個 **uuid** 之類的獨立資料作為 **key** 值。更重要的是不應該拿元件在陣列中的索引值當作 **key**，導致等於沒有綁 key 值的狀況。

由於目前我們陣列元素的內容不會重複。現在，我們如果把陣列值當成 key 綁在 MenuItem 上，重新執行並監聽效能，你就會發現只有新進來的第一個 MenuItem 被重新渲染，開發者工具上也有顯示陣列元素對應的 key 值，不再跳出警告訊息。

```
import React, { useState } from 'react';
import MenuItem from './MenuItem';

function MenuList (){
    const [listArray, setListArray] = useState(["A","B","C","D"]);
    return (
        <div>
            <ul>
                {listArray.map(
                    (list)=> <MenuItem key={list}>{list}</MenuItem>
                )}
            </ul>
            <button
                onClick={
                    ()=> setListArray([Math.random()].concat(listArray))
                }>
                從最前方新增元素
            </button>
        </div>
    );
};

export default MenuList;
```

MenuList (0.3ms of 1ms)
Me... MenuItem ... Me... MenuItem ...

Ch 8-5. 用 lazy 和 Suspense 實現動態載入元件

在前面我們說，過去使用原生 JS 編寫有規模的專案時，因為要模組化，檔案越分越多，最後零散在各處。為了解決這個問題，後來工程師使用打包工具，把所有的 **JS** 檔綁成一個 bundle.js，在第一次執行網頁時就載入所有程式碼。

但是這也造成了一個問題。

「當專案規模過大時，bundle.js 會很大，導致第一次載入網頁的時間太久。」

這個時候我們就會希望把那些「使用者不會很常進去的頁面」從 bundle.js 拿出來。但是要怎麼做呢？ 難道還要去 webpack.config.js 慢慢設定嗎？

Code-Splitting with React.lazy

在先前，我們要引入 component 檔案時，是使用：

```
import LoginForm from '../component/LoginForm/LoginForm';
```

而 React 提供了一個特殊的引入元件方法 lazy()。Babel 會把用 lazy() 引入的元件**在打包時拆成一個獨立的 js 檔案，並且只有在第一次要渲染該元件的時候，才會引入該 js 檔**。它的用法是：

```
const 元件 = React.lazy(()=> import('檔案相對路徑'));
```

但是元件載入要一段時間，我們要怎麼處理 lazy 元件還沒被載入的狀況呢？

Suspense

Suspense 是 React 提供的特殊元件，語法如下：

```
<Suspense fallback={讀取元件}> 目標載入元件 </Suspense>
```

當「目標載入元件」還沒載入完成時，React 會顯示 fallback 這個 props 綁定的「讀取過程中顯示元件」，一直到「目標載入元件」載入完成後再切換。

> 我們是不是可以拿 Suspense 來處理 ajax 的狀況呢？

的確，React 希望在未來的某一天，全面讓大家捨棄在 useEffect 呼叫 http request，並且全面改成使用 Suspense。**但目前相關的 API 還在實驗開發階**段，詳請可以參考並關注官方文件。

加入 lazy 和 Suspense 到我們的程式碼中

我們將接續 4-8 的程式碼，來試著在 src/routes/FormPage.js 改使用 lazy 引入 <LoginForm />，並觀察程式碼的狀態：

1. 請先引入 lazy 和 Suspense

```
import React, { lazy, Suspense } from 'react';
```

2. 用 lazy 引入 LoginForm

```
const LoginForm = lazy(()=> import('../component/LoginForm/LoginForm'));
```

3. 用 Suspense 使用 lazy LoginForm 元件

```
import React, { lazy, Suspense } from 'react';

const LoginForm = lazy(()=> import('../component/LoginForm/LoginForm'));

function FormPage (){
    return (
        <Suspense fallback={<div>讀取中...</div>}>
            <LoginForm/>
        </Suspense>
    );
}

export default FormPage;
```

我們查看執行結果，會發現在第一次切換到 FormPage 的時候，React 去 get 了一隻新的 xxx.bundle.js 檔，裡面是 LoginForm 的相關程式碼。這樣我們就實現了分割程式碼並以動態載入元件。

需要注意的是，lazy 和 Suspense 目前還不支援 Server-side-render，如果你想在相關頁面做 SSR，就必須要使用 Loadable Components。

參考資料： https：//zh-hant.reactjs.org/docs/concurrent-mode-suspense.html

9 CHAPTER

React 進階 – 其他的 React

Ch 9-1. useEffect v.s useLayoutEffect

如果你在撰寫 React 專案時，有試著在第一次渲染後，透過 useEffect 以 state 修改綁定給元件的資料，應該會發現一個特殊的現象：

> 為什麼我的元件會閃一下？

以 8-4 的程式為例，假設我們改讓 listArray 初始值為空陣列，在元件建立後透過 useEffect 給真正的初始值，你會發現畫面上出現一次閃爍後，才顯示 listArray 更新後的狀況：

```
import React, { useState, useEffect } from 'react';
import MenuItem from './MenuItem';

function MenuList (){
    const [listArray, setListArray] = useState([]); // 初始值改成空陣列

    usEffect(()=>{
        setListArray(["A","B","C","D"]); //改成在useEffect中才設定值
    }, []);

    return (
        <div>
            <ul>
                {listArray.map(
                    (list)=> <MenuItem key={list}>{list}</MenuItem>
                )}
            </ul>
            <button
                onClick={
                    ()=> setListArray([Math.random()].concat(listArray))
                }
            >
                從最前方新增元素
            </button>
        </div>
    );
};

export default MenuList;
```

非同步、畫面渲染後執行的 useEffect

這是因為我們先前說過，useEffect 的執行時間點如下：

- **初始化 (第一次渲染時)：**

1. 建立、呼叫 function component
2. 建立 virtual DOM、更新 DOM
3. 渲染畫面
4. 呼叫 **useEffect** 的副作用

- **更新 (當偵測到 state、props 被改變時)：**

1. 重新呼叫 function component
2. 在 virtual DOM 比較所有和原始 DOM 不一樣的地方
3. 真正更新 DOM
4. 渲染畫面
5. **透過檢查 useEffect 中的 array，判斷該 useEffect 是否「和被改變的 state/props」有關係，有則呼叫該 useEffect 的副作用**
6. 如果有修改 state 或 props，則再重複一次上述「更新」的生命週期

- **移除**

1. 呼叫 useEffect 第一個參數回傳的清除函式
2. 移除元件

也就是在第一次渲染時，React 還沒有拿到你在 useEffect 中修改的 state，所以畫面上顯示的會是你一開始拿來當初始值的資料。這也是我們的畫面會閃一下的原因。

同步、畫面渲染前執行的 useLayoutEffect

雖然這種需求很少，但 React 提供了一個解決上述問題的 hook-useLayoutEffect。它和 useEffect 的語法、使用上一模一樣。唯一的差別是 useLayoutEffect 被提升到了渲染畫面前、更新 DOM 後執行。

useLayoutEffect 的執行時間點如下：

- **初始化 (第一次渲染時)：**

1. 建立、呼叫 function component
2. 建立 virtual DOM、更新 DOM
3. 呼叫 **useLayoutEffect** 的副作用
4. 渲染畫面
5. 呼叫 **useEffect** 的副作用

- **更新 (當偵測到 state、props 被改變時)：**

1. 重新呼叫 function component
2. 在 virtual DOM 比較所有和原始 DOM 不一樣的地方
3. 真正更新 DOM
4. 透過檢查 **useLayoutEffect** 中的 **array**，判斷該 **useLayoutEffect** 是否「和被改變的 **state/props**」有關係，有則呼叫該 **useLayoutEffect** 的副作用
5. 渲染畫面
6. 透過檢查 **useEffect** 中的 **array**，判斷該 **useEffect** 是否「和被改變的 **state/props**」有關係，有則呼叫該 **useEffect** 的副作用
7. 如果有修改 state 或 props，則再重複一次上述「更新」的生命週期

- **移除**

1. 呼叫 **useLayoutEffect** 第一個參數回傳的清除函式
2. 移除元件
3. 呼叫 **useEffect** 第一個參數回傳的清除函式

接下來你可以試著把剛剛的 useEffect 換成 useLayoutEffect。

```
import React, { useState, useLayoutEffect } from 'react';
import MenuItem from './MenuItem';

function MenuList (){
    const [listArray, setListArray] = useState([]);

    useLayoutEffect(()=>{
        setListArray(["A","B","C","D"]);
    }, []);

    return (
        <div>
            <ul>
                {listArray.map(
                    (list)=> <MenuItem key={list}>{list}</MenuItem>
                )}
            </ul>
            <button
                onClick={
                    ()=> setListArray([Math.random()].concat(listArray))
                }
            >
                從最前方新增元素
            </button>
        </div>
    );
```

你會發現畫面不再會閃過一次初始的資料了。這是因為 React 在第一次渲染畫面前已經執行了 useLayoutEffect 中的 setState。

然而必須要注意的事情是，useLayoutEffect 本身是一個同步函式，也就是說 **UI 會等** useLayoutEffect **中做的事情結束才會渲染**。所以不要在 useLayoutEffect 做太多事情，否則使用者看到 UI 的間隔會拉長，導致 UX 變差。

這件事衍伸的問題是，當你要在 React 做 SSR 時，因為 useLayoutEffect 和 usetEffect 都不會在 server-side 執行，有需要 useLayoutEffect 的元件就可能會以不符你的預期的方式運作。

除非有特殊的需求，否則大部份的狀況 **useEffect** 都應該能夠解決你的問題。

如果你是從 class component 切換過來的人，實質上 useLayoutEffect 的執行時機點才是真正等於 componentDidMount 和 componentDidUpdate。 但使用上官方還是希望你使用 useEffect。

Ch 9-2. 封裝 forwardRef 的 useImperativeHandle

在 4-5 時，我們使用 forwardRef 讓自定義的元件也能讓父元件使用 ref 和 useRef 操作自定義元件的 DOM 元素。

然而讓父元件完全無限制的任意操作自定義元件中的 DOM 元素，有時候可能會產生一些非預期的錯誤。這時候就能使用 React 提供的 useImperativeHandle 來保護自定義元件。

useImperativeHandle

useImperativeHandle 接收兩個參數，第一個參數是「要提供給其他地方使用的 ref 值」，第二個參數是個函式，此函式要回傳「該 ref 能夠使用的屬性」。

```
useImperativeHandle(ref, () => ({
    屬性名稱: 屬性值
}));
```

舉例來說，在 4-5 我們曾經製造了一個能夠讓父元件取得 ref 的 MenuItem。當我們在父元件分別操作 MenuItem 中 li 元素的 textContext、click 和 innerHTML 時，會得到以下結果。

```
import React, { forwardRef } from 'react';

const MenuItem = forwardRef((props, ref) => {
    return <li ref={ref} >{props.children}</li>;
});

export default MenuItem;
```

```
import React, { useRef, useEffect } from 'react';

import MenuItem from '../component/MenuItem';

function MenuPage(){
    const itemRef = useRef(undefined);

    useEffect(()=>{
        console.log(`textContent是${itemRef.current.textContent}`);
        itemRef.current.click();
        console.log(`innerHTML是${itemRef.current.innerHTML}`);
    },[]);

    return (
        <div>
            <MenuItem ref={itemRef}>MenuItem中的文字</MenuItem>
        </div>
    );
}

export default MenuPage;
```

```
textContent是MenuItem中的文字
我被點擊了
innerHTML是MenuItem中的文字
```

但是一般而言直接操作 DOM 元素的 innerHTML，可能會造成一些問題 (例如常見的資安情境 XSS 注入攻擊)，所以我們可以透過 useImperativeHandle 封裝 MenuItem，只提供父元素需要的屬性。

在下面的新的 MenuItem 中，可以看到我們並沒有直接讓 forwardRef 的 ref 綁定在 li 元素的 ref 上，而是先定義另一個 realRef 後，透過 useImperativeHandle 去定義 forwardRef 的 ref，能夠對應到哪些 realRef 的操作。

```
import React, { forwardRef, useImperativeHandle, useRef } from 'react';

const MenuItem = forwardRef((props, ref) =>{
    const realRef = useRef(undefined);

    useImperativeHandle(ref, () => ({
        click: () => {
            realRef.current.click();
        },
        textContent: realRef.current.textContent,
    }));

    return (
        <li
            ref={realRef}
            onClick={()=> console.log("我被點擊了")}
        >
            {props.children}
        </li>
    );
});

export default MenuItem;
```

此時重新在父元件分別操作 MenuItem 中 li 元素的 textContext、click 和 innerHTML 時，會發現由於我們只有定義 textContent 和 click 對應到的操作，在父元素取得的 ref 不存在 innerHTML 這個屬性，所以 innerHTML 印出來的值變成了 undefined。

```
textContent是MenuItem中的文字
我被點擊了
innerHTML是undefined
```

如此就實現了保護 MenuItem 的 li。另外，我們也能把多個操作封裝成一些我們自定義的行為，讓自定義元件更抽象化。

Ch 9-3. Custom hook 與 useDebugValue

在 4-6，我們曾經提到可以透過 custom hook 模組化複雜，需要重複利用的 React component api 資料邏輯。然而當 custom hook 的邏輯複雜時，開發者工具提供的資訊可能會不足以協助我們 debug。

例如以下是常見用來偵測瀏覽器寬度的 hook – useMedia 的實現方式：

```
import { useState, useEffect, useCallback } from 'react';

function useMedia(){
    const [windowWidth, setWindowWidth] = useState(window.innerWidth);
    const [device,setDevice] = useState("mobile");

    const handleRWD = useCallback(()=>{
        setWindowWidth(window.innerWidth);
    },[]);

    // 監聽視窗長寬的 useEffect
    useEffect(()=>{
        window.addEventListener('resize', handleRWD);
        return(()=>{
            window.removeEventListener('resize',handleRWD);
        })
    },[handleRWD]);

    // 依據視窗寬度判斷裝置的 useEffect
    useEffect(()=>{
        if(windowWidth > 768)
            setDevice('PC');
        else if(windowWidth > 576)
            setDevice('tablet');
        else
            setDevice('mobile');
    },[windowWidth])

    return device;
}

export default useMedia;
```

而在開發者工具中，你會看到以下資訊：

```
▾ Media:
    State: 658
    State: "tablet"
    Callback: ƒ () {}
    Effect: ƒ () {}
    Effect: ƒ () {}
```

在沒有點入 useMedia 程式碼內前，開發者只能夠憑藉猜測去判斷每個 state 的意義，這個時候就會希望有個類似 console.log 的工具協助我們。

useDebugValue

useDebugValue 是個接收一個參數的 React hook。React 會把這個參數轉為字串，顯示在 React dev tools 的 custom hook 旁邊。

```
useDebugValue(顯示的標籤);
```

例如，我們可以在剛剛的 useMedia 中使用 useDebugValue，來說明 windowWidth 這個 state 是指螢幕寬度。

```
import { useState, useEffect, useCallback, useDebugValue } from 'react';

function useMedia(){
    const [windowWidth, setWindowWidth] = useState(window.innerWidth);
    const [device,setDevice] = useState("mobile");

    // 用此行來幫助我們理解state的意義
    useDebugValue(`螢幕寬度為: ${windowWidth}`);

    const handleRWD = useCallback(()=>{
        setWindowWidth(window.innerWidth);
    },[]);
```

```
    useEffect(()=>{
        window.addEventListener('resize', handleRWD);
        return(()=>{
            window.removeEventListener('resize',handleRWD);
        })
    },[handleRWD]);

    useEffect(()=>{
        if(windowWidth > 768)
            setDevice('PC');
        else if(windowWidth > 576)
            setDevice('tablet');
        else
            setDevice('mobile');
    },[windowWidth])

    return device;
}

export default useMedia;
```

實際打開 React dev tools，就能看到在原先顯示 custom hook 名稱的右側新增了一個字串，字串內容是剛剛傳入 useDebugValue 的參數。

```
▾ Media: "螢幕寬度為: 658"
    State: 658
    State: "tablet"
    Callback: ƒ () {}
    Effect: ƒ () {}
    Effect: ƒ () {}
```

useDebugValue 的效能優化

有的時候「將資料轉換成 debug 資訊」的過程會花費較多的資源，導致 useDebugValue 影響了開發時程式的效率。

useDebugValue 提供了第二個參數讓你傳入「將資料轉換成 debug 資訊的加工函式」。 useDebugValue 會在你檢查這個 hook 時才會去執行它，同時將你傳入 useDebugValue 的第一個參數傳給這個函式，最後把該函式的回傳值顯示在標籤上。

```
useDebugValue(參數, 加工函式);
```

以剛剛的 useMedia 為例，以下的實作方式就讓 windowWidth 在我們檢查 hook 時，才和其他字串一起組合成顯示的文字。

```
import { useState, useEffect, useCallback, useDebugValue } from 'react';

function useMedia(){
    const [windowWidth, setWindowWidth] = useState(window.innerWidth);
    const [device,setDevice] = useState("mobile");

    // 改加入第二個參數函式避免效能問題
    useDebugValue(windowWidth, width => `螢幕寬度為: ${width}`);

    const handleRWD = useCallback(()=>{
        setWindowWidth(window.innerWidth);
    },[]);

    useEffect(()=>{
        window.addEventListener('resize', handleRWD);
        return(()=>{
            window.removeEventListener('resize',handleRWD);
        })
    },[handleRWD]);
    useEffect(()=>{
        if(windowWidth > 768)
            setDevice('PC');
        else if(windowWidth > 576)
            setDevice('tablet');
        else
            setDevice('mobile');
    },[windowWidth])

    return device;
}

export default useMedia;
```

Ch 9-4. React 中的傳送門 - createPortal

一般而言，所有 React 的程式都會藉由 ReactDOM.render，透過層層的巢狀子父關係渲染至 index.html 中的某個 div 元素中。然而在開發上有的時候會遇到需要想要跳過巢狀結構，直接將某個元件渲染至 html 中的其他元素的情況。ReactDOM 針對這個情境提供了一個特殊的 API – createPortal。

createPortal 的使用方式

createPortal 的語法和 ReactDOM.render 類似。其接收兩個參數，第一個參數是我們想要渲染的 JSX 元素，第二個參數則是要「用來綁定第一個參數的 JSX 元素」的 html DOM 元素。

```
// 請注意是從react-dom引入，而不是react
import { createPortal } from "react-dom";

createPortal(要以React渲染的元素,要綁定的html元素);
```

例如，假設今天我們製作了一個 Modal 元件，並希望將其直接渲染至 index.html 中的 react-modal-root，而不是 root。

```
<!DOCTYPE html>
<html lang="en">
  <head>
    <meta charset="utf-8" />
    <meta
      name="viewport"
      content="width=device-width, initial-scale=1, shrink-to-fit=no"
    />
    <meta name="theme-color" content="#000000" />
    <link rel="manifest" href="%PUBLIC_URL%/manifest.json" />
    <link rel="shortcut icon" href="%PUBLIC_URL%/favicon.ico" />
    <title>React App</title>
  </head>
```

```
  <body>
    <div id="root"></div>
    <div id="react-modal-root"></div>
  </body>
</html>
```

在下方的 React 程式碼中，可以看到大致的程式碼、引入方式都和一般開發相同。唯一的差別是子元素 Modal 回傳的不再是單純的 JSX，而是改用 createPortal 回傳元素。

```
import React from 'react';
import ReactDOM, { createPortal } from 'react-dom';

function Modal() {
    return createPortal(
        <div>我是Modal</div>,
        document.getElementById('react-modal-root')
    );
}

function ModalPage() {
    return (
        <div id="Modal-Page">
            <Modal />
        </div>
    );
}

ReactDOM.render(
  <ModalPage />,
  document.getElementById('root')
);
```

此時執行程式，當我們利用開發者工具檢查經由 React 渲染的 html，會發現雖然主程式依然綁定在 id 為 root 的元素中，但是 id 為 Modal-Page 的元素中卻不再具有子元素。而在 id 為 react-modal-root 的元素中，出現了我們放在 createPortal 的「我是 Modal」div 元素。

createPortal 與 event Bubbling

在原生 DOM 事件中，當巢狀元素的子元素捕獲事件，該事件也會被傳遞給其父元素，這樣的行為我們稱作 event Bubbling。例如在下方的範例中，當 son 被點擊，其父元素 father 的 onClick 事件也會被觸發。

```
function ModalPage() {
    return (
        <div id="father" onClick={() => console.log('father觸發onClick了')}>
            <div id="son" onClick={() => console.log('son觸發onClick了')}>
                我是son
            </div>
        </div>
    );
}
```

而對於 createPortal API，雖然其跳過巢狀結構、直接將 JSX 渲染於特定元素，但是 React 有將 event bubbling 實作回原本在 JSX 的巢狀結構中。**也就是當使用 createPortal 的子元素的事件被觸發，在 JSX 中的父元素雖然在 DOM 中不再擁有此子元素，但仍然會接收到此子元素的冒泡事件。**

以下方程式碼為例，當你點擊「我是 Modal」，會發現即使實際上 DOM 中 Modal-Page 不存在「我是 Modal」的子元素，但是 console 面板上依然顯示其 onClick 事件被觸發了。

```
import React from 'react';
import ReactDOM, { createPortal } from 'react-dom';

function Modal() {
    return createPortal(
        <div onClick={() => { console.log('modal觸發onClick了') }}>
            我是Modal
        </div>,
        document.getElementById('react-modal-root')
    );
}

function ModalPage() {
    return (
        <div
            id="Modal-Page"
            onClick={() => {
                console.log('Modal-Page觸發onClick了')
            }}
        >
            <Modal />
        </div>
    );
```

因此，當我們在使用 createPortal 渲染元件時，應注意是否需要冒泡回原本的父元素中。若不需要冒泡，則須在該元件最外層加入 event.stopPropagation() 阻擋冒泡、避免非預期錯誤發生。

Ch 9-5. 總結

至此，本書已詳細介紹了所有 React 官方提供的 React hook，和現今開發 React 時經常使用到的 React API。對於要開發新專案的讀者已經足夠，只要增加自己的實務開發經驗、持續關注 React 社群的變化即可。

然而，現今在業界仍不免需要維護以 class component 建置的舊專案。本書將會以附錄的方式簡介其常用到的語法和生命週期函數，提供給讀者參考。

A

CHAPTER

React class component

在 2019 年以前，由於 hook 尚未推出，如果想要使用 state、生命週期等等 React component API，就必須要使用 class component。在本附錄中，我們將會簡介 ES6 的 class 語法、React class component 的基礎使用以及生命週期。

Appendix-1. 簡介 ES6 class

在原生 ES5 以前的 Javascript 中，如果我們想要建立一個通用的類別 (class)，必須要以函式形式進行宣告：

```
function Apple() {
    this.price = 50;
    this.printPrice = function () {
        console.lopg(`Price of Apple is ${this.price}.`);
    };
}

const apple = new Apple();
apple.printPrice();

// Price of Apple is 50
```

然而在其他常見的物件導向程式語言中 (例如： C++、Java、Python)，定義 class 的方式並不是和函式共用，而是有獨立的語法。在 ES6 後，Javascript 也支援了類似於這些物件導向語言的 class 宣告語法，讓 Javascript 的 class 使用方式更直覺。(但是其底層實現機制仍然會轉為 ES5 前的語法)。

詳細的方式是使用 class 關鍵字，其語法如下：

```
class 物件名稱 {
  // 在ES6 class中，我們會以這樣的方式來宣告member function:

  函式名稱(函式參數){

  }

}
```

而所有的 ES6 class 預設在創建實體時會呼叫「constructor」這個函式。其功用和原本 ES5 中以函式宣告 class 的「函式定義域」相同，可以在這邊宣告類別實體所具有的屬性。比較特別的是物件的共用方法不再於 constructor 宣告，而是在 class 定義域宣告。字面上可能不易理解，以實際程式碼來觀察，我們可以看到下方的範例中，printPrice 是 Apple 的一個 member function，而 price 則是 Apple 的一個 member data。

```
class Apple {
    constructor() {
        this.price = 50;
    }

    printPrice() {
        console.log(`Price of Apple is ${this.price}.`);
    }
}

const apple = new Apple();
apple.printPrice();
// Price of Apple is 50
```

以上是關於 ES6 class 語法的簡易介紹。然而在 ES6 的 class 中，還有許多特殊的語法，在這邊不會一一詳細解釋，我們會在說明 React class component 時介紹會使用到的 API。

Appendix-2. 基礎 React class component 與 props

React class component 是一個開發上極度仰賴 ES6 class 語法的 API，在這一章節，我們會介紹如何透過 React class component 渲染一個基礎元件，以及 props 在 React class component 的使用方式。

建立基礎的 React class component

在 ES5 以 function 建立 class 時，如果我們想要讓物件繼承其他現有物件的屬性，必須要使用原型鏈。而在 ES6 則有一個類似的語法 – extends。其語法如下：

```
class 物件類別名稱 extends 要繼承的類別{

}
```

而使用 ES6 建立一個具有 React component 功能的 class 的方法，是先從 react 中引入 Component 後，讓要建立的 class 繼承 Component 這個 class：

```
import React, { Component } from "react";

class Page extends Component{

}
```

而 React 運作 class component 的方法，是當每一次要渲染元件時，固定呼叫 class component 中名叫「render」的函式，並用 render 的回傳值來修改 virtual DOM。若是和 function component 相比， function component 的整個函式定義域，就近似於 class compnonent 中 render 函式的功用。

例如，下圖就是一個會渲染出「hello world」div 的 React class component，你可以在任何地方以 <Page/> 引入使用：

```
import React, { Component } from "react";

class Page extends Component{
    render() {
        return <div>hello world!</div>
    }
}

export default Page;

/*

我們可以想像成React底層會進行類似以下的操作:

----------建立元件時----------

const page = new Page();
React.buildDom(page.render());

----------元件更新時----------

React.updateDOM(page.render());

*/
```

props 在 class component 中的使用方式

和 function component 相比，如果在 class component 要使用 props，會有兩點需要注意的地方。第一個是由於 props 被定義為 Component 中的一個 member data，所以存取 props 的方式不是像 function component 一樣直接使用函式參數，而是 this.props。

```
import React, { Component } from 'react';

class Page extends Component {
    constructor(props) {
        super(props);
    }

    render() {
        // 不是直接呼叫props，而是this.props
        return <div>{this.props.text}</div>;
    }
}

export default Page;

// 引入Page時
<Page text="以props傳遞文字"/>
```

第二個是在使用 props 前，我們必須在 class 中加入 constructor 函式、接收一參數，接著在 constructor 函式中呼叫 super 這個函式，並且將剛剛在 constructor 接收的參數傳入 super。super 是 Javascript 提供的 API，當 super 被呼叫時，Javascript 會去呼叫被繼承的父類別中的 constructor。

```
import React, { Component } from 'react';

class Page extends Component {
    constructor(props) {
        // 呼叫繼承類別的constructor
        super(props);
    }

    render() {
        return <div>{this.props.text}</div>;
    }
}

export default Page;
```

會需要這樣做主要有兩個原因：

1. 在 ES6 的 class 中，因為子類別有可能會透過「this」去存取父類別的屬性 (例如： 我們在 Page 使用了 this 去存取 Component 的 props 屬性)，為了避免非預期錯誤，ES6 class 規定在有繼承的狀況下，**如果我們需要用「this」這個關鍵字，就要在使用 this 前，先呼叫父類別的 constructor 進行初始化**。

2. 在 Component 的底層程式碼中，React 需要在 Component 的 constructor **進行 props 的綁定**。而又因為 React 會把 props 作為我們 component 的 constructor 的參數傳入，所以我們必須將 props 作為參數傳遞給 super。

有關於 class component 中 props 與 super 的解釋，可以參考 React 和 Redux 核心貢獻者 Dan Abramov 的部落格 Overreacted。

https：//overreacted.io/zh-hant/why-do-we-write-super-props/

this 關鍵字在 class component 中的使用方式

雖然在呼叫了 super 後，「this」可以能夠正常在生命週期函數如 render、constructor 內使用，但是如果是自己定義的 member function 呼叫時就很容易出現問題。這是因為在 Javascript 中，「this」的指向位置是「呼叫函式的對象」，而在 React Component 的實現機制下，**綁定於 JSX 的成員函式的 this 是指向 undefined**。

在下方的程式碼中，當按鍵被點擊時，我們會發現雖然 printText 有被執行，但是因為 this 是 undefined 而不是 Page，所以 this.props.text 沒辦法被印出來。

```
import React, { Component } from 'react';

class Page extends Component {
    constructor(props) {
        super(props);
    }

    printText() {
        console.log(this.props.text);
    }

    render() {
        return <button onClick={this.printText}>點我</button>;
    }
}

export default Page;
```

如果要讓 this 正確指向元件本身，常見有兩種作法：

1. 使用 bind 將 this 傳入。bind 是 Javascript 函式都有的原生 API，傳入 bind 的參數會變成該函式中 this 關鍵字的指向對象。這個作法的缺點是每一次需要多用到一個函式時，就要再多寫一次綁定的程式碼。

```
import React, { Component } from 'react';

class Page extends Component {
    constructor(props) {
        super(props);

        // 使用bind綁定函式中的this
        this.printText = this.printText.bind(this);
    }

    printText() {
        console.log(this.props.text);
    }

    render() {
        return <button onClick={this.printText}>點我</button>;
    }
}

export default Page;
```

2. 改使用箭頭函式宣告 member function。在 ES6 提供的箭頭函式中，this的指向對象改為「宣告函式的對象」，而不是「呼叫函式的對象」。這個作法也是目前社群最為推崇的。

```
import React, { Component } from 'react';

class Page extends Component {
    constructor(props) {
        super(props);
    }

    printText =()=> {
        console.log(this.props.text);
    }

    render() {
        return <button onClick={this.printText}>點我</button>;
    }
}

export default Page;
```

以上是 class component 的基礎使用方式，接下來我們會個別介紹如何在 class component 中使用 state 和操作生命週期。

Appendix -3. React class component 中的 state 和 setState

在先前介紹 function component 時，我們是以 hook 的方式取得 state 和 setState 函式。而在 class component 中，我們只要呼叫、使用好定義在 Component 中的 API 就可以了。以下是在 class component 中的 state 和 setState 使用方法：

state 的宣告與初始化

state 的結構是一個物件，React 會在這個物件的任一屬性被修改時，去檢查修改到的屬性，有沒有在 DOM 中有需要重新渲染的地方。**建立的方法只要在建構子裡以物件屬性的方式，一一定義我們想要建立的 state 變數即可：**

```
constructor(props) {
    super(props);
    this.state = { 變數名稱A: 初始化值, 變數名稱B: 初始化值, (...類推) };
}
```

state 的讀取

讀取的方式和 props 一樣，也就是：

```
this.state.變數名稱
```

例如在下面的程式碼中，我們的 div 將會顯示 state 變數中的 number，其初始值為 0：

```
import React, { Component } from 'react';

class Page extends Component {
    constructor(props) {
        super(props);
        // 建立一個名叫number的state變數
        this.state = { number: 0 };
    }

    render() {
        return (
            <div>
```

```
                <div>{this.state.number}</div>
            </div>
        );
    }
}

export default Page;
```

state 的修改

和在 function component 中一樣，由於 state 這個變數是 read-only 的，我們並不能用「this.state. 變數 = 值」直接修改 state。在 class component 中，我們必須要透過呼叫 React 定義在 Component 中的函式 setState()，來賦予 state 變數新的值。(註： 跟使用 props、state 一樣，函式前面要加上 this)。

例如，下方的函式會把 state 中的 number 修改為 0~10 的隨機整數：

```
randomlizeNumber = () => {
    this.setState({ number: Math.floor(Math.random()*10) });
}
```

請注意這邊傳入 setState() 中的參數也必須是一個物件，React 會自動去合併 state 中的屬性 (稍後我們會詳細說明)。

來看與實際的程式碼合併使用的範例。在下方的程式碼中，在綁定 randomlizeNumber 到按鍵的 onClick 上後，當我們點擊按鍵，number 會被改為 0~10 的隨機整數，而 div 中呈現的文字也會隨著 number 的改變而渲染成新的值。

```
import React, { Component } from 'react';

class Page extends Component {
    constructor(props) {
        super(props);
        this.state = { number: 0 };
    }

    randomlizeNumber = () => {
        this.setState({ number: Math.floor(Math.random() * 10) });
    };

    render() {
        return (
            <div>
                <button onClick={this.randomlizeNumber}>
                    隨機設定下方div的文字
                </button>
                <div>{this.state.number}</div>
            </div>
        );
    }
}

export default Page;
```

setState 會合併 state，而不是完全覆蓋舊 state。

以下方程式說明，假設目前 state 為：

```
this.state = { percent: 20, mounted: false }
```

當我們以下面的方式呼叫 setState 時，React 只會去把原有 state 中的 percent 更新，而 mounted 並不會從 state 中被移除。

```
this.setState({ percent: 70 });
```

而當 setState 被呼叫時，如果它發現傳入物件中有 member data 不屬於目前的 state，就會自動合併至 state 內、建立它。例如在剛剛 state 中只有 percent 和 mounted 這兩個屬性下，當呼叫以下的函式，React 就會在改變 percent 為 40 的同時，創造一個叫做 counter 的 state：

```
this.setState({ percent: 40, counter: 0 });
```

新的 state：

```
{ percent: 70, mounted: false, counter: 0 }
```

用 setState 移除 state

前面提過 setState 中「存在原本 state、不存在傳入參數物件的屬性」不會被移除，那移除其中一個 state 要怎麼做呢？ 答案是把該 state 指定為 undefined 就可以。例如以下是移除 state 中 mounted 的方法：

```
this.setState({ mounted: undefined });
```

對於 state 中的物件不能只修改單一屬性

要特別注意的是，如果在 state 裡面宣告巢狀物件，修改時並不能夠單獨修改物件的單一屬性。例如在以下狀況下：

```
this.state= { styleData: { width: "30%", height: "50%" } }
```

如果我們使用以下方式呼叫 setState，state 裡面的 styleData 並不會保留 height 屬性，而是直接變成只有 width："70%" 的物件。

```
this.state= { styleData: { width: "70%" } }
```

如果想要只更改 state 內的物件的單一屬性並保留其他屬性，簡易的作法可以透過 ES6 的 spread syntax，展開舊的 state 讓 JS 進行合併。但當物件結構複雜時，就要直接複製一份 state 後再進行修改：

```
// 利用JS的spread syntax展開原本的styleData，JS會自動合併其他沒被重新指定的舊屬性
this.state= { styleData: { width: "70%", ...this.state.styleData } };
```

setState 不會馬上修改 state

請注意 setState 執行的當下並不會馬上將 state 修改成新的值。

然而這也導致在 setState 後面用到 state 的函式，常常會拿到改變前的 state 值。為了讓開發者能夠在函式中使用 state 修改後的值，setState 提供了第二個參數，我們可以傳入一個 function 到 setState 的這個第二個參數中，當 state 被設定完之後，React 會執行這個 callback function。所以我們就能利用這個參數來做想在 state 改變後的事情。

讀者可以用下方的範例，觀察看看當 number 被修改時，console 面板會印出什麼值？

```
randomlizeNumber = () => {
    this.setState({ number: Math.floor(Math.random() * 10) }, () => {
        console.log(`number 在callback後的值是${this.state.number}`);
    });
    console.log(`number 在setState後的值是${this.state.number}`);
};
```

另外比較特別的地方是 setState 的第一個參數 (新的 state 值)，實際上接收的也是一個函式，只是因為當我們給予的是物件而不是函式時，會自動讓物件淺層合併至新的 state 中。但一般開發時較少遇到，讀者只需要知道其原理即可。

小結

以上是 state 和 setState 在 class component 中的使用方法。和 function component 中每個 state 和 setState 都是獨立的狀況有點不同，主流開發思維也不像 function component 中，透過「side effect」處理 state 修改後的事件。如果是從 function component 轉換的讀者，可能要花一點時間轉換設計架構的邏輯。

Appendix - 4. React 生命週期函數

在先前介紹 function component 時，我們介紹了如何使用 useEffect 和 useLayoutEffect 在元件的不同階段進行操作。而在 class component 中，除了先前提到的 constructor 和 render 外，還會呼叫一系列的函數，讓開發者可以對元件做細部的操作。

下圖是開源專案 wojtekmaj/react-lifecycle-methods-diagram 繪製的 React 週期函數圖，在接下來的說明中，讀者可以搭配使用。

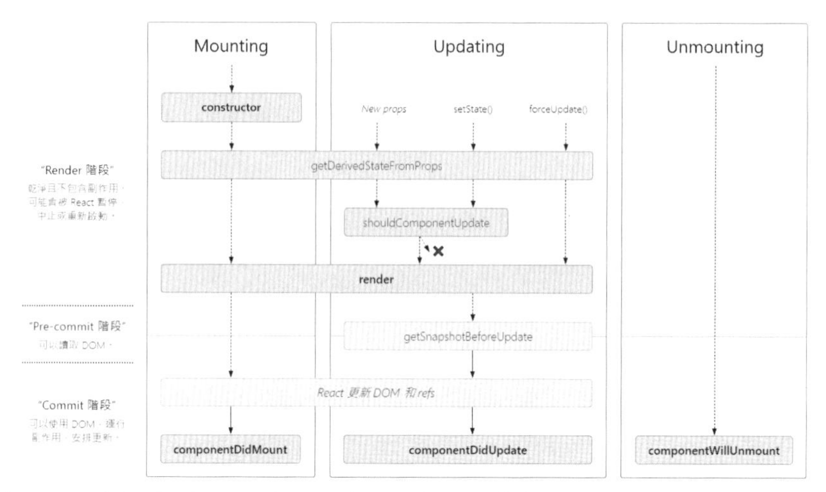

https：//github.com/wojtekmaj/react-lifecycle-methods-diagram

建立元件 step.1 - constructor

如同先前的說明，constructor 是讓開發者用來初始化元件、定義元件資料結構的地方。所有的 class component 在建立時 React 都會先呼叫這個函數。在下方的範例中，我們使用了 constructor 來定義初始的 state 結構：

```
import React, { Component } from 'react';

class Page extends Component {
    constructor(props) {
        super(props);
        this.state = { number: 0 };
    }

    render() {
        return (
            <div>
                <div>{this.state.number}</div>
            </div>
        );
    }
}

export default Page;
```

建立元件 step.2 – getDerivedStateFromProps（不常使用）

在 constructor 被執行後，getDerivedStateFromProps 會在 render 前被呼叫。這個函數的用途是在 render 前，利用父元素綁定的 props 來設定 state。

原本在 React 17 以前，這個階段的函數叫做 componentWillMount。然而 React 開發人員發現 componentWillMount 經常被錯誤的使用，進而對專案產生非預期錯誤。其中一個常被錯誤使用的方式是在這個階段向後端請求資料。過去許多開發者在遇到「儲存在後端、一開始就要顯示在畫面上的 state」時，會下意識認為應該在此階段呼叫 http 請求。然而，componentWillMount 並不會等非同步事件結束後才呼叫 render。又因為在 React 的 server side render 中，componentWillMount 是唯一會被執行的生命週期函數，這導致當 client side 再度執行 React 程式時，componentWillMount 會被再度執行，產生不必要的重複 http 請求。

在 React 17 後，componentWillMount 被改為 UNSAFE_componentWillMount，並不推薦開發者使用。React 用新的 getDerivedStateFromProps 函數來取代 componentWillMount，這個函數和其他生命週期不同的地方在它是 static 的。在 ES6 的 class 中，有 static 關鍵字的屬性代表類別所有的實體都會共用，並不隨著實體的創造而多創造一份。也因為這樣，static 函式具有「不能使用 this 關鍵字」的特性，間接導致我們不能在這個函式中呼叫 this.setState、存取 this.props。

那麼我們要怎麼要在這個函數中用 props 來設定 state 呢？

getDerivedStateFromProps 接收兩個參數、要求在最後回傳一個物件。第一個參數是 props 當前的值，第二個參數是 state 當前的值。我們可以利用這兩個值在此函數中做運算後，將新的 state 物件回傳。React 會把此回傳值設定為新的 state 值。如果在這個函式修改了 state，並不會使 React 觸發「更新元件」的生命週期。

以下方範例而言，getDerivedStateFromProps 在 render 前把 props 的值乘以 10、取整數後，設定成 state 中新的 number 值。我們可以試著觀察 number 在不同階段的變化：

```
// 在父元素中以此方式使用
<Page number={Math.random()}/>

// -----------------------
import React, { Component } from 'react';

class Page extends Component {
    constructor(props) {
        super(props);
        this.state = { number: 0 };
    }

    static getDerivedStateFromProps(props, state) {
        return { number: Math.floor(props.number * 10) };
    }

    render() {
        // 可以試著在這邊呼叫console.log(this.state.number) 觀察接收到的state值
        return (
            <div>
                <div>{this.state.number}</div>
            </div>
        );
    }
}

export default Page;
```

請注意在大多數的情況，getDerivedStateFromProps 都能以其他生命週期函數替代 (例如： 稍後會介紹的 componentDidMount)。

建立元件 step.3 – render

render 函數是 React 用來收集、比較要如何建立、修改 DOM 的地方，使用方法在先前已經介紹過。比較需要注意的是，React 在呼叫 render 時還沒有建立、更新 DOM 的資訊，所以不應該在 render 中進行 DOM 的操作 (例如: document.getElementById)。

建立元件 step.4 – componentDidMount

React 在第一次呼叫 render、建立完 DOM 的資訊後，會呼叫 componentDidMount 這個函數。這個函數也是 React class component 中最常被使用的生命週期，當我們在這裡修改了 state，React 會觸發「更新元件」的生命週期。

由於「可以讀取、修改到 DOM 資訊」和「只會在元件建立後呼叫一次」的特性，componentDidMount 常見的使用時機包括：

1. 修改、存取 DOM 元素
2. 呼叫非同步事件 (例如： 向後端請求第一次要出現在畫面上的資料)
3. 建立監聽事件、setInterval
4. 觸發 UI 動畫
5. 使用不是為 React 打造的第三方函式庫

其個別的原因可以參考本書在「Ch4-4 生命週期與 useEffect」的解釋。

```
import React, { Component } from 'react';

class Page extends Component {
    constructor(props) {
        super(props);
        this.state = { number: 0 };
    }

    // 這個函式模擬向後端取得資料，花了3秒
    ajaxSimulator() {
        setTimeout(() => {
            this.setState({ number: Math.floor(Math.random() * 10) });
        }, 3000);
    }

    componentDidMount() {
        // 模擬在建立元件後巷後端請求資料
        this.ajaxSimulator();
    }

    render() {
        return (
            <div>
                <div>{this.state.number}</div>
            </div>
        );
    }
}

export default Page;
```

componentDidMount 是 class component 在建立元件階段，最後一個呼叫的生命週期函式，比較特別的是若和 function component 比較，componentDidMount 呼叫的時機點是，和 useLayoutEffect 一樣在建立 DOM 後、繪製畫面前，而不是和 useEffect 一樣在繪製畫面後。

接下來我們會開始介紹「更新元件」時會觸發的生命週期。

更新元件 step.1 – getDerivedStateFromProps（不常使用）

這個函數和建立元件時的 getDerivedStateFromProps 是共用、相同的。在 React 16.3 版本，只有 props 被改變時才會觸發這個函數。但在 React 16.4 版本後，state 和 props 被改變時都會觸發這個函數。參數中的 props 和 state 都是更新後的值。

更新元件 step.2 –shouldComponentUpdate（不常使用）

shouldComponentUpdate 的作用像是守門員，用來確認是否真的要重新渲染元件。這個函數要 return 一個布林值。當函數回傳 false 時，元件就不會更新，也不會繼續執行接下來的 render()，以及剩下的 update 生命週期函數。預設會回傳 true。在這個函數中，this.props 和 this.state 是更新前的值，即將更新的新 props 和 state 值會以此函數的參數傳入。

在「Ch.8-2 以 React.memo 避免不必要的渲染」中介紹的 memo，就是在這個階段幫我們做了新舊 props 的比較。當然，React 在 class component 也有提供已經實做好類似 memo 的 api – PureComponent。當你一開始讓元件繼承的類別是 PureComponent，而不是 Component 時，該元件在 shouldComponentUpdate 這個階段，除了會自動對新舊 props 做淺比較外，和 memo 不同的是 PureComponent 也會對 state 做淺比較，當這兩個都比較完確認沒有不同的地方後，就會阻止不必要的渲染。

```
import React, { PureComponent } from 'react';

// Page自動擁有實作好的shouldComponentUpdate
class Page extends PureComponent {
    constructor(props) {
        super(props);
        this.state = { number: 0 };
    }

    render() {
        return (
            <div>
                <div>{this.state.number}</div>
            </div>
        );
    }
}

export default Page;
```

如果我們要自己實作 PureComponent，就是在 shouldComponentUpdate 階段進行類似這樣的操作：

```
shouldComponentUpdate(nextProps, nextState){
    // 檢查每個props有沒有不一樣
    for(let propsName in nextProps){
        if(this.props[propsName] !== nextProps[propsName])
            return true;
    }

    // 檢查每個state有沒有不一樣
    for(let stateName in nextState){
        if(this.state[stateName] !== nextState[stateName])
            return true;
    }

    // 都一樣，阻止重新渲染
    return false;
}
```

更新元件 step.3 – render

這個階段一樣是和建立元件時的 render 共用的，不再多做解釋。

更新元件 step.4 – getSnapshotBeforeUpdate（不常使用）

這個函式夾在「React 以 render() 收集完要更新的元素」，跟「React 更新 DOM」之間。它的用途是讓你可以把更新前的最後一刻 DOM 的狀況紀錄下來，然後用 return 值傳參數到下一個生命週期函數 componentDidUpdate 中。如果沒有要傳參數給 componentDidUpdate，就要回傳 null。

在這邊 this.props 和 this.state 是更新之後的，舊的 props 和 state 以傳入 getSnapshotBeforeUpdate 的第一、第二個參數存在。

此函數不常被使用，如果想要了解更多的讀者可以參考官方文件說明。

https://zh-hant.reactjs.org/docs/react-component.html#getsnapshotbeforeupdate

更新元件 step.5 – componentDidUpdate

當 React 更新 DOM 資訊後，最後會呼叫的生命週期函數是 componentDidUpdate。使用方法和 componentDidMount 類似，任何「更新後想做的事情」都會在這個函數處理，包括先前提過的 fetch、讀取 DOM 資訊等。此外和 useEffect 相同，我們也會在這個函數中，處理 props 或 state 變化後的 side effect。

componentDidUpdate 接收三個參數，第一和第二個參數分別是舊的 props 和 state，第三個參數則是在前一個生命週期函數 getSnapshotBeforeUpdate 的回傳值。而在此函數中 this.props 和 this.state 是更新之後的。

使用 componentDidUpdate 特別需要注意的是，只要 class component 透過 setState 函式設定了跟某元件有關的 state，無論設定 state 的新舊值是否相同，該元件都會重新進入 Update 週期，導致此函數再次被執行。

舉例而言，假設元件中有一個 props 叫 A，一個 state 叫 B，我們希望 A 被改變為 true 時，給予 B 一個值：

```
componentDidUpdate(prevProps, prevState, snapshot){
    if(this.props.A === true)
        this.setState({ B: "A是真的!" });
}
```

實際執行你會發現，React 在 A 第一次被設定後，開始不斷的重複設定 B。最後導致程式出現記憶體不足的問題而終止。

為什麼會這樣？因為當我們在 componentDidUpdate 中設定 state 或 props 時，又會進入 re-render 的 update 生命週期，也就是進入像這樣的無限的遞迴：

1. React 偵測到 A 被設定，觸發更新生命週期
2. 在 componentDidUpdate 中執行設定 B
3. React 偵測到 B 被設定，觸發更新生命週期
4. 在 componentDidUpdate 中執行設定 B
5. 回到第 3 步

如果要避免無限遞迴，除了改使用先前提到的 PureComponent 外，也能在 componentDidUpdate 執行副作用的程式碼前，加入比較新舊值的判斷式，確認該副作用是不是真的要執行：

```
componentDidUpdate(prevProps, prevState, snapshot){
    // 因為我們想在這裡執行A被改變後的side effect
    // 但是任何state和props被更新時，無論值是否相同，此函式都會被執行
    // 所有就要在執行side effect前在判斷式中確認A是否真的有被更新
    if(this.props.A === true && prevProps.A !== this.props.A)
        this.setState({ B: "A是真的!" });
}
```

1. React 偵測到 A 被設定，觸發更新生命週期
2. 在 componentDidUpdate 中發現 A 為 true，新舊 A 不一樣，執行設定 B
3. React 偵測到 B 被設定，觸發更新生命週期
4. 在 componentDidUpdate 中發現 A 為 true，但是 A 的值沒有變化，不執行任何動作

移除元件 – componentWillUnmount

在元件被移除時， componentWillUnmount 是 React 唯一會呼叫的生命週期函數。其作用是用來清除我們在建立元件時的監聽事件、setInterval，以避免下次重新載入元件時，在前次事件仍在監聽的情況下又再次重複監聽，最後導致 memory leak。

在下方範例中，我們在元件載入時對瀏覽器進行了視窗大小調整的監聽。如果我們沒有在元件移除時清除監聽，第二次載入該元件時，瀏覽器就會有兩個重複的監聽事件，第三次會有三個、第四次會有四個……，以此類推。

為了避免這類問題，開發時就要利用 componentWillUnmount 適時的清除只和該元件有關的行為。

```
handleRWD = () => {
    if(window.innerWidth > 768)
        this.setState({ device: "PC" })
    else if (window.innerWidth > 576)
        this.setState({ device: "tablet" });
    else
        this.setState({ device: "mobile" });
}

componentDidMount(){
    window.addEventListener('resize',this.handleRWD);
}

componentWillUnmount(){
    window.removeEventListener('resize',this.handleRWD);
}
```

總結

以上是所有 React class component 常使用的 API。生命週期的部份，只需要熟記 componentDidMount、componentDidUpdate、componentWillUnmount，其餘生命週期有印象即可。另外，React 也有提供錯誤處理的生命週期函數，以及其他高階的 class component API，由於在目前 class component 逐漸被淘汰下，使用率不高，本書不會再介紹，有興趣的讀者可以參考 React 官方文件。

https：//zh-hant.reactjs.org/docs/react-component.html